三度
sandu

植 物 美 学

与花草相伴的日子

Aesthetica Botanica

张仲慧　谭杰茜　编　著

U0343724

岭南美術出版社

中国·广州

图书在版编目（CIP）数据

植物美学：与花草相伴的日子 / 张仲慧，谭杰茜编著 .—
广州：岭南美术出版社，2019.6

ISBN 978-7-5362-6706-0

Ⅰ . ①植… Ⅱ . ①张… ②谭… Ⅲ . ①植物—通俗读物
Ⅳ . ① Q94-49

中国版本图书馆 CIP 数据核字（2018）第 300118 号

出　版　人	李健军	
责 任 编 辑	刘向上　黄　敏	
责 任 技 编	罗文轩	

出　品　方	广州三度图书有限公司	
编　　　著	张仲慧　谭杰茜	
翻　　　译	范文澜	
装 帧 设 计	吴燕婷　周白桦	
封 面 图 片	图拉植物设计（Tula Plants and Design）	
封 底 图 片	杰西·沃尔德曼（Jesse Waldman）	

植物美学：与花草相伴的日子
ZHIWU MEIXUE: YU HUACAO XIANGBAN DE RIZI

出版、总发行	岭南美术出版社　（网址：www.lnysw.net） （广州市文德北路 170 号 3 楼　邮编：510045）	
经　　　销	全国新华书店	
印　　　刷	恒美印务（广州）有限公司	
版　　　次	2019 年 6 月第 1 版 2019 年 6 月第 1 次印刷	
开　　　本	787 mm×1092 mm　1/16	
字　　　数	109 千字	
印　　　张	15	
印　　　数	1—4000 册	
书　　　号	ISBN 978-7-5362-6706-0	
定　　　价	118.00 元	

前 言

  自古以来，人类与植物就脉脉相通，息息相关。人类大脑与身体的进化也离不开植物世界。我们潜意识里就知道，植物在维持生命的方方面面起到了不可或缺的作用——它们提供给我们氧气，生产我们用以果腹的食物，甚至它们本身就能作为我们御寒保暖的衣被。没有植物，地球上就没有人类。除此以外，面对现代生活压力的轰炸、城市与自然界病态的割离，植物还担当着人们心灵的休憩之所，灵感的不竭之源。本书囊括了多名设计师、艺术家、花艺师，他们不断探索着人与植物的关联，并用自己独特的方式将植物带进了我们的生活来。

  不论是家、工作室、还是工场，植物都能点缀任何空间。生活环境中缺少植物将对我们的身心产生非常大的影响。已经有无数研究表明，在生活与办公场所栽种植物对人体大有裨益。据报告称，植物不仅有利于增强思维敏捷度、缓解压力，还有利于提高幸福感。另外，植物还能过滤空气中的毒素，提供清新氧气。植物绿叶可以调动人类大脑的积极性，因此在生活空间中多种些花花草草，也会使我们更加快乐，提高工作效率。

  除上述科学解答之外，照料这些小生命本身也给我们带来了无形的积极影响。观察植株健康状况、浇水、提供植株所需的养护，这些看似简单的行为对我们自身好处多多。我们人类总是通过与高于自己生命形式的交往活动，从中获利。而照料花草时，我们分散的注意力将会集中，心中杂念也会一并消除。人们一旦了解植物对于身心健康有着巨大作用，便更有可能以美学的眼光去看待它们。《植物美学：与花草相伴的日子》包括绿植篇、花植篇、微植篇3个篇章。每个章节都着眼于植物美学的某个特定领域。当中包括浓淡深浅绿色齐全的绿植，令人惊艳的花植展览，还有不同寻常的微植艺术，从苔藓到多肉植物应有尽有。多姿多彩的植物世界刺激了设计者们的审美感官，他们各显神通，创造风格独特的艺术品。

历史上，植物也一直是艺术与美学的灵感源泉。史前洞穴壁画就描绘了人类起源时期赖以活命的动植物。自此以后，人类就开始在植物世界寻求灵感：从花朵的颜色与形态、绿叶的图案到在许多植物物种生长模式中发现的黄金比例……这些都将人脑与支配生活的基本数学原理紧密地联系了起来。

在流行社交媒体充斥的现代社会中，植物和扮靓生活空间的植物图片最受人欢迎。博主们都意识到了植物空间和植物创意带来的价值与吸引力。这种热度鼓励我们重拾地球的植物遗产，激发了我们再次拥抱大自然的欲望。因此，若把美学思考带入植物设计中，定能掀起一场沸腾人心的狂潮。

植物设计的未来走向目前尚不明朗。艺术家们使用常见植物进行设计创作是近来才兴起的，很难预测它的发展趋势。但可以肯定的是，人们一定会继续喜爱植物艺术，并想方设法提高植物美学的地位，将其融入生活之中。植物艺术的展现形式多种多样，但千枝万叶也要归"根"，当然，设计师的能工巧手也不可忽视。

——乔什·罗森（Josh Rosen）

目 录

微植篇

与自然为友，观其色彩，
触其质感，闻其芬芳。
谨以此书献给所有爱植物、
爱自然、爱生活的读者。

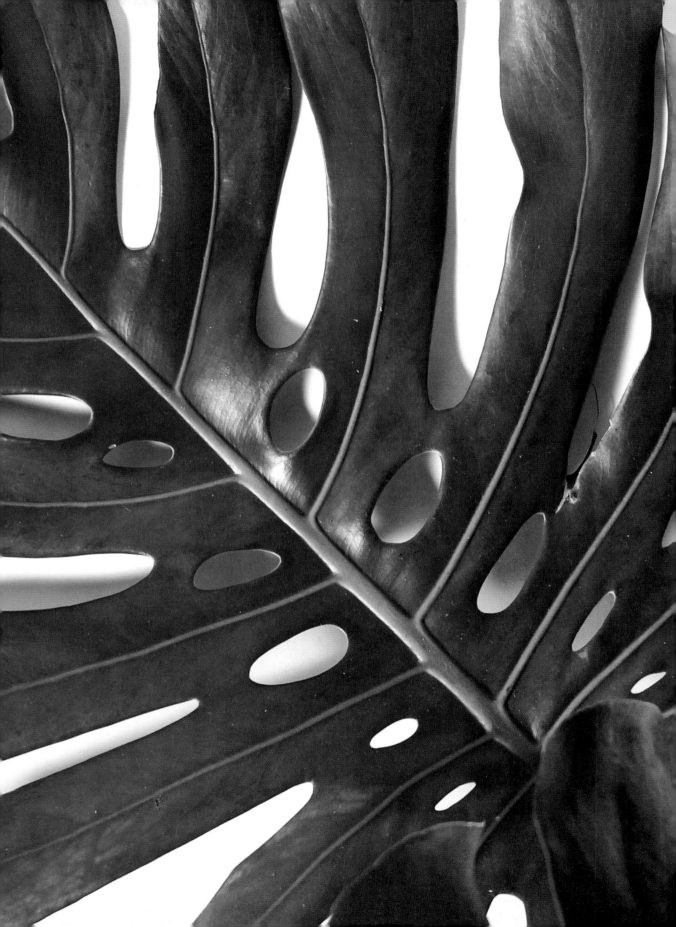

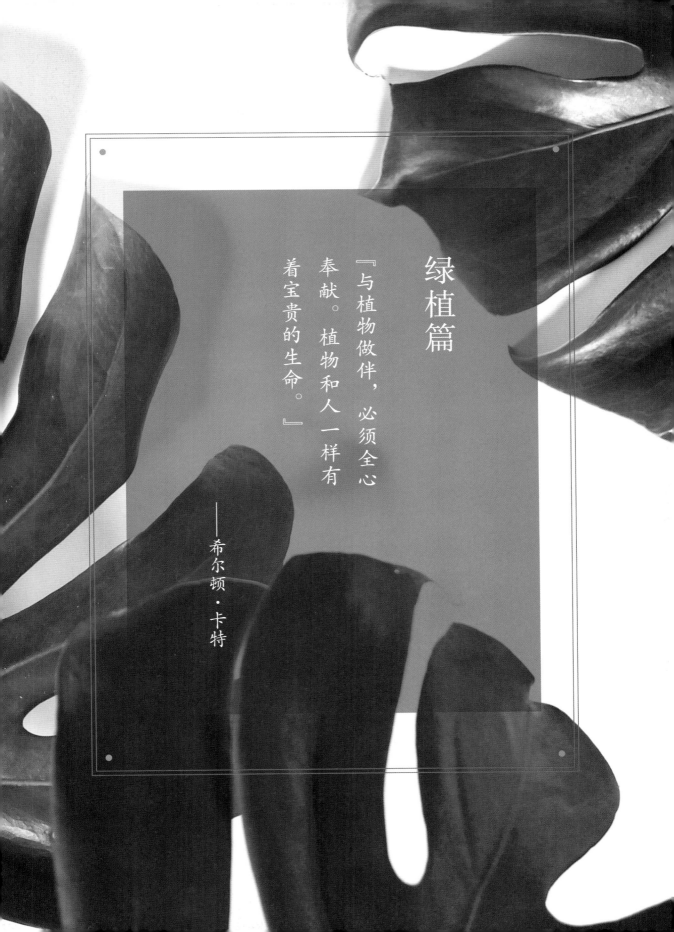

绿植篇

『与植物做伴，必须全心奉献。植物和人一样有着宝贵的生命。』

——希尔顿·卡特

自然育苗园

休闲的天堂

———

"我的审美崇尚朴素、
极简、绿色。
随着年岁的增长，我越来越认同
'少即是多'的理念。"

Megan Twilegar

梅根·特维尔加

出于对植物的热爱与事业追求的需要，梅根·特维尔加于 2001 年成立了"花蕊育苗园"（Pistils Nursery）。随着"都市丛林"（Urban Jungle）创意的开发，越来越多的人被吸引过来，这里门庭若市，成了一间名副其实的育苗园。不管是户外花园，还是室内植物角，它都给人们展示了一个更简约、更环保的生活空间。

职业：店主，设计师
地点：美国俄勒冈州波特兰

　　自21世纪初，俄勒冈州波特兰就一直走在城市养鸡运动的前沿，因此位于此地的"花蕊育苗园"（下简称"蕊园"）最开始其实是一家农产品商店。而今，梅根·特维尔加在此售卖室内外植物，这里成为一座绿色的天堂。后来，"蕊园"又新建了一间玻璃日光室，日光可以直接照射在室内植株上，饲养的鸡仔们也可在其中四处畅游。梅根设计日光室的初衷是为了给来自远方的植物打造一处阳光灿烂的生长环境。"我们想在市中心打造一片热带绿洲，让市民们来了就不想走。而且建个日光室还能扩展一下我们的室内空间，我觉得这非常可行。后来它也的确成了'蕊园'的大功臣。回过头想想，我们根本无法想象以前没有日光室的时候是怎么过的。"梅根说。

　　"蕊园"也有不少装饰物件，件件都有自己特别的故事。日光室里的砖块是从一栋正在翻新的老房子的烟囱上拆下来的，每天用于浸泡植株的水槽是从废品回收场捡回来的。位于日光室中央的木桌则是用一块回收的亚洲硬木材做成的，成色、纹路都很好。

◄ "蕊园"外布满灌木、多年生植物、树木。

▲ 挂墙上附生有球兰和树眼莲，地面上有一棵花叶大戟科植物，各种多肉植物与仙人掌。

"蕊园"的工作人员都热衷于给热带原产植物寻找新家园，这儿离它们的原生栖息地太远了。"每一株植物都是与众不同的，所以照料室内盆栽需要非常耐心，多加实践，过段时间，你就会了解你家盆栽的需求。学会应对室内环境条件的变化，比如光照和温湿度的改变，以此采取不同的养护策略。"

　　多年来，梅根逐渐认识到，不时重新调整业务对于成功经营至关重要。她和同事们见证了各种潮流来来去去。他们追随潮流，也将潮流元素融入自己的设计中。他们努力要成为一家经营稳健、兼收并蓄、鼓舞人心的植物商店。展望未来，梅根说："我们觉得'蕊园'这几年发展得非常好。我们起家时只是最传统的实体农贸商店。过去几年里，我们又增设了景观设计部门、室内植物设计部门，新开了一家网店，还有一些工作坊，甚至还打造出了自己的生产线。我们会继续发展下去的，也会继续完善现有的业务，比如开设更多的工作坊，或者给顾客设计更多新产品。我们最近也在考虑新开一家分店。"

◄ 这个用于日常浇灌的水槽是梅根在垃圾回收场捡回来的。

▲ 墙上有鹿角蕨，水槽里有各种铁兰和凤梨花，花盆中的是红掌。

▼ 海丽（Haley）在照料一株悬挂的鹿角蕨。

对谈梅根·特维尔加

1. "花蕊育苗园"既养植物也养动物，为什么您选择养鸡呢？

养鸡比养其他动物容易，尤其是在城市里，养一小群鸡很简单。过去我们店里出售活鸡，也一直有自己喂一小群，好让顾客看看他们该怎么在院子里养鸡。后来越来越多育苗园都开始卖鸡仔和小母鸡，我们就不卖了。但我们还继续喂自己的鸡群，也是传承一下店铺的历史吧，我们都很爱它们！如果让它们进花园自由活动，它们肯定会搞破坏，它们特别喜欢吃嫩菜芽还有蕨类植物。所以最好把它们圈在一块跑得开的范围里活动，并且只在有人监督的时候把它们放出来一小会儿。

2. 您觉得波特兰适合植物生长吗？

波特兰是温和的海洋性气候，非常适合户外园艺。由于靠近太平洋，我们的园艺种植季持续时间很长。因此成千上万种非俄勒冈州本土植物都能在此苗壮生长。对于那些喜爱植物、想亲手种植异地品种植株的人们来说，这里简直就是天堂。然而波特兰的气候对一些室内植物品种并不是很友好。冬季白天很短，而且天气大都多云多雨，日照严重不足。像仙人掌、多肉植物等沙漠植物，如果得不到充足的光照，就很难捱过波特兰的冬天。除非你家里房子向阳，光照很好，或者有条件提供生长灯、全光谱灯泡，不然我们绝不推荐种这一类植物。大多数热带植物还是能在这里过冬的，尽管这个季节它们可能长得很慢。比起春夏两季，室内盆栽在冬季的需水量也更少。

3. 我们发现您在网络上使用话题"遇见野生房间"。能跟我们聊聊这个吗？

我们开"蕊园"的原因之一就是想将植物爱好者聚集起来，组成一个社团。现在像照片分享这样的社交网络平台 Instagram（照片墙）越来越火了，我们发起这个话题

> 随着兴趣的变化，以及新的植物品种的出现，我们已经尽可能保持与时俱进，或许，我们还能成为潮流的引领者。

◀ 复古橱柜为店内增添了一丝独特魅力。

▲ 阿丽亚娜（Ariana）在日光室内给植物浇水。

▼ 植物在"蕊园"日光室的各个角落茁壮成长。

可以扩大我们的本地社团,联系到世界各地喜爱植物的人,这真的太棒了。

　　除了分享我们自己的绿植照片,我们也很喜欢看别人怎么用植物装饰房间或花园。我们希望大家通过使用话题的方式联系我们,这样我们就能在页面的醒目位置看到他们的照片。这几年我们已经发起过很多个话题了。

4. 与植物为伴的生活有没有给您带来什么特别的感受呢?

　　我觉得种植生活就像在写一本活的日记。我种的每一棵植株都能将我带回过去,想到当时住在哪,做了哪些事。我花园中的植物还常常能令我想起那些在我生命中留下深刻印记的人,他们有的还健在,有的已经走远了。每当我走在室外的花园中,我都仿佛能看到许许多多曾经教导过我的人,还有和我一样热爱植物与自然的朋友。

5. 对于植物养护,您有什么好建议吗?

　　· 识别种植的品种

　　· 了解你的住处

　　· 选择合适的花盆

　　· 小心移盆与栽种

　　· 切记:少就是多

　　· 指测盆土温湿度

　　· 慢慢浇水,一次浇透

▲ 用铁角蕨(俗称"南国宝石")做苔球挂栽。
▼ 附生在软木上的热带植物和丛林仙人掌。
▶ 日光室的大门。

▲ ▶ "花蕊育苗园"展示的植物花样繁多，如玻璃圆罐中的多肉植物，藤编篮中的气生植株，壁挂式的鹿角蕨，摆在架子上的小盆栽等。

"我爱植物，不仅仅爱它繁茂的花朵，
我还爱绿意盎然的叶子，还有斑驳皲裂的树干。
我爱植物的一切。"

粉光绿林

绘画植物空间

———

"养花草最有成就感的地方就是
能看见植物们经过你的悉心照料后
茁壮成长，开枝散叶。"

Chelsae Anne and Evan Sahlman

切尔西·安娜与埃文·萨尔曼

切尔西和埃文将他们 20 世纪 20 年代的公寓打造成了一片草木茂盛的波希米亚
绿洲，人称"现代风格与怪诞浪漫的碰撞"。切尔西和埃文都有艺术学教育背景，
这助力他们追求梦想，教会他们理解美，以及如何吸引人们对美的关注。利用充
满个性的笔触、创意十足的设计、看似随意的摆件，他们把自己的家变成了一个
温馨舒适的粉色天堂。

职业：摄影师，艺术家
地点：美国佛罗里达州西棕榈滩

　　切尔西·安娜是一名全职自由摄影师，精于生活摄影、插图摄影、肖像摄影；埃文·萨尔曼是萨尔曼工作室（Sahlman Studio）的老板和艺术总监，擅长制作陶器、瓷器和雕塑。他们在大学第一年相识，两年后成为恋人。他们了解彼此的生活习惯、目标、理想，欣赏对方的才能，尊重对方的爱好。两人在视觉艺术方面的共同教育背景，使他们能把专业知识应用到工作和生活实践上。

　　他们住在著名的旅游景点西棕榈滩，那里精英齐聚，是个安家的好地方。他们家坐落在一栋建于20世纪20年代的古老建筑中。一开始，他们只打算短期租赁，以便找到更美的地方后就搬走。为了让这儿看起来不那么像租来的房子，切尔西和埃文开始做一些小改造，扩大他们的生活空间，体现他们独特的品位。

客厅十分舒适，摆有热带植物盆栽和埃文的粉色调画作。

埃文站在客厅中。

切尔西与埃文的阅读角。

西棕榈滩的植物数量庞大，种类繁多。环绕的绿树、遍地的芳草给生活环境带来了美妙的生机与色彩，也给二人带来了无限灵感。于是他们从旧货市场淘来复古家具，又买来各种植物装饰房间，从窗台上摆放的小盆多肉植物到大棵落地盆栽，再到从育苗园收集的枝枝叶叶，应有尽有。久而久之，他们将自己的家装扮成了一片风格别致的静谧绿洲，一个充满生机、快乐与爱的地方。

　　除了这栋20世纪20年代的房子以外，切尔西与埃文还拥有一家画廊和一间仓库改装的工作室。作为摄影师和艺术家，他们需要一个公共空间向公众展示他们的创作。他们时不时会举办艺术展，办展压力不小，但成就感也是巨大的。切尔西说："每次埃文要在画廊办展，时间总是很紧张，但又要保证质量。最近几次办展，他都是每天工作14个小时，而且能在很短的时间内创作出新的作品。他并不需要总是用这种方式去挑战极限，但他对待作品真的非常严肃认真。"

　　切尔西和埃文已经游遍了北美、欧洲和新西兰。他们的目标是继续记录他们周围的世界，探索未知。他们随时准备上路，开始下一场冒险。

◀ ▲ 公寓里摆满了时尚的摄影作品，还有两人在旅途中收集到的复古装饰品。

对谈切尔西·安娜与埃文·萨尔曼

1. 你们家养了很多种植物。为什么你们选择植物作为家装的主要元素呢？

我们的确用了很多植物来装饰房子，因为只有植物拥有那么优美的形态和清新的色彩。它们塑造了一个不断变化的空间。它们长大长高，房间的样貌、给人带来的感觉也会随之而变。

2. 你们的审美理念是怎样的？

我们的审美理念是基于大量的艺术鉴赏经验而建立起来的。如果我们要找几件与房间格调相符的家具或植物，我们就会非常小心，确保购买的每一件物品都能赏心悦目，而且能独自成趣。

3. 你们的家既有复古格调又不乏活泼气质。能给我们具体讲讲你们的改造过程吗？

大概在这儿住了一年之后，我们才开始做一些小的改造，比如粉刷厨房里的墙和橱柜什么的。于是我们突然发现，这儿要是好好装扮一下也能成为一个不错的家。于是我们开始大动工，比如打了一个墙面书架，埃文还给我们的卧室建了一张有四个帷柱的地台。

装修工程最开始，我们添置了几把中世纪扶手椅和几株高大的鹤望兰。我们还会去二手店和育苗园逛逛，看看有什么合适的，再一件一件添置。做这些真的很有意思。我们现在如果想给家里的东西换换血，还会去那些地方寻宝。

4. 您家里有很多从旧货市场淘来的装饰品，哪一件对你们来说有着特殊的意义呢？

我们最喜欢的是那几把科弗德·拉森（Kofod Larsen）设计的中世纪扶手椅。我们家曾经大整修过好几次，但是它们始终都在。

> 对于艺术家来说，生活在充满创意与美的空间至关重要。我们一直在努力超越自己。

◀ 墙上挂着埃文画的仙人掌。

▲ 两人将客厅改造成了一间流行艺术画廊，展示埃文的画与切尔西的摄影作品。

▼ 浓浓的波希米亚风，给卧室带来了舒适感，大小不一的绿植点缀了整个空间。切尔西的猫蜷缩在柔软的毯子里。

我们还特别喜欢家里的吊灯，尤其是床上方的那盏花形实心黄铜吊灯。它给我们接地气的家增添了一股轻奢的味道。

5. 粉色是你们作品的主色调。为什么选择这个颜色呢？

粉色有时候容易让人产生误解。但是在我们反复调色的过程中，我们爱上了这种腮红一般的色调，它比你想象的要中性得多。埃文之所以喜欢粉色，是由于几年前在迈阿密看的一场艺术展。

当时展出了几百件艺术品，只有个别几件脱颖而出——是几幅抽象作品，作者大胆地用几笔重重的粉色贯穿画面中心。这对他的冲击很大，去年他画的仙人掌系列画也使用了类似的色调。

6. 你们旅行过很多地方，迄今为止，哪里是你们最喜欢的？

我们俩都是从小就跟家里人一同旅行。我和我的家人在尼日利亚住过 3 年，埃文在阿根廷住过 4 年。后来我们一起去过 20 多个国家，每一个地方我们都喜欢，因为不同的理由。不过有几个地方我们格外喜欢，比如摩洛哥的沙漠，还有美丽的新西兰。这两个地方自然风景和人文习俗都差别很大，但它们仍然是我们最难忘的经历。

▲ ▶ 埃文在画画。
▼ 埃文养护画廊的植物。

埃文的画作捕捉到了植物的神韵，展现了它们的生气与活力。他不时会举办展览。

"学艺术，就是学历史，学从文艺复兴开始至今的艺术史。
这教你懂得什么是美，人们为何追求美。"

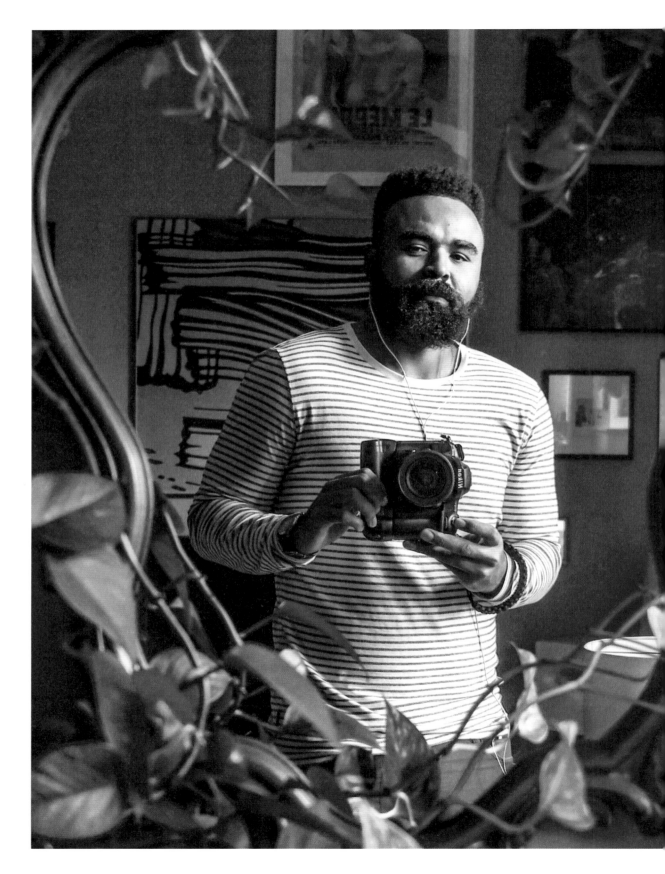

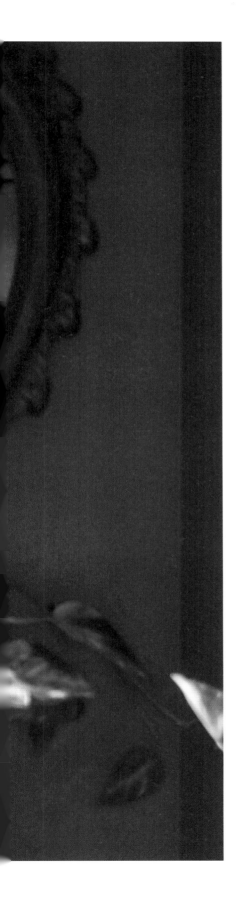

绿丛中舞

一个造物者

———

"室内绿植好处多多,
种得越多越快乐。"

Hilton Carter

希尔顿·卡特

希尔顿·卡特将一间棉纺厂改装成了他的花房。步入其中就像进入一片室内森林,生机勃勃的艺术品散发着神秘魅力。整个室内装修都反映了他的个性与风格,是他梦想的真实写照。

职业:室内设计师,艺术家,电影制作人
地点:美国马里兰州巴尔的摩

　　从马里兰艺术学院（Maryland Institute College of Art）毕业之后，希尔顿·卡特到洛杉矶深造，并在此获得了电影专业艺术硕士学位。在洛杉矶居住多年后，为了节省开支，他搬到了新奥尔良。

　　旅居新奥尔良期间，家乡巴尔的摩的一家广告公司请他去工作。深爱巴尔的摩的他想到故乡有亲人还在，便欣然受邀，移居回乡。

　　希尔顿现在和他的女友菲欧娜（Fiona）住在一间19世纪70年代建的棉纺厂中，棉纺厂坐落在巴尔的摩市中心，毗邻琼斯瀑布（Jones Falls）。这里的窗户高大开阔，进光充足，有利于室内植物生长。向窗外望去，树林河流尽收眼底，自然风光无限。说到他搬来此处的初衷，希尔顿说："我当时在找一间阁楼式公寓，有朋友跟我说这里刚刚开放出租，我该来瞧瞧。我一看就喜欢上这儿了！"

◀ 希尔顿的客厅装潢十分入时。

▲ 卧室一角，菲欧娜常在此阅读。

希尔顿也是一名室内设计师，他为这间房子的装饰花了很大心思，也做了很多处改造。房子的室内设计理念就是"城市现代工业风与波希米亚风的混搭"。有不少古老的装饰品都是从跳蚤市场和二手商店买来的，给空间增加了一丝活力。家里有一面试管生态墙，上面郁郁葱葱地长满植物。卧室的床上悬挂着一顶创意十足的绿植天篷。这本来是他妈妈种的一棵大喜林芋，但是她没地方养了，希尔顿于是想了个主意，把它吊挂墙上，因为菲欧娜很喜欢悬挂的绳艺装饰。他和菲欧娜一起将它设计成了一个像吊床一样的东西，现在是他们家里最主要的亮点之一。

　　希尔顿梦想着能和植物更加亲密自然地相处，比如住在花房里。他的花房改造开始于一棵黄金葛和几盆多肉植物，后来他又购买了一些大型植株，比如琴叶榕、鹿角蕨等。时间长了，他种的植物越来越多，他的家也变成了一片室内丛林。希尔顿认为，一抹大自然的绿色可以提升极简装修的设计感，增添波希米亚的丛林美，活跃阴郁的室内空间。他的使命是打造一个惬意舒适有活力的绿色室内空间，人住在里面永远不会觉得无聊。为了完成这个任务，他努力进一步改造，净化空气，使这里更有家的感觉。

　　希尔顿也是个自由艺术家和电影制作人。他推出了自己的品牌"HC制造"，旗下售有他自己的产品、印刷品和其他"小发明"。

◀ 希尔顿的狗——查理坐在角落里。
▼ 卧室一角。
➤ 绿色是希尔顿的公寓的主色调。

对谈**希尔顿·卡特**

1. 您家生态墙上的所有植物都种在试管里，为什么您选择这样一种器皿当"花盆"呢？

我们的生态墙是由好多试管组成的，我管它叫"摇篮"。这是我设计的一款产品，现在在我的网站上和几家巴尔的摩的门店都有售。我之所以选用这种种植方式，是因为我们和别的生态墙不一样，这是一款育苗墙，这样一来墙上的插条可以繁殖生根，然后移盆种植。这不只是一面郁郁葱葱的生态墙，它还会不断馈赠给你新的生命。

2. 您数过现在有多少种植物吗？您怎么照顾它们？

上次我数的时候大约有 180 株。为了照料好所有花草，第一呢，我在日程表上设置了闹钟，提醒我每周浇水。第二呢，我把光照需求量相同的植物摆放在一起，这便于我记住给它们浇多少水，什么时候浇。你得时时刻刻以它们为重。

3. 您一般从哪寻找灵感？

我想，大部分灵感都是当我发现自己需要解决某个问题的时候才会出现。比方说，我想在家里建一面生态墙，但传统的那种我买不起。当时我正好用一个放调料的小架子扦插育苗，我就想，"为什么不用这种架子做一面生态墙呢？"最后我就想出了用试管摇篮插条的办法。

4. 我们注意到您给房子做了一些改造，比如画墙绘，这部分您能跟我们详细聊聊吗？

我给餐厅区的两面墙做了墙绘。这样画主要是为了让它看起来有一种老旧的年代感，如同杰克逊·波洛克（Jackson Pollock）的笔触。我用同样的滴画法进行创作，并且加了一点铜绿色。

> 养植物一定要全身心投入。它们也是有生命的。

◄ 希尔顿的猫——伊莎贝拉躲在植物中间。

▲ 走廊里的绿植。

绿丛中舞 ｜ 一个造物者　　·033·

5. 您的家被称作"城市现代工业风与波希米亚风的混搭",家里也摆放着很多创意十足的家具。您都是在哪找的家具呢?哪一件是您最中意的?

我们的家具哪儿的都有,有大商场买的,也有跳蚤市场淘的,还有传下来的。我们希望家里的每一件家具都是有故事的。我最喜欢的是我爸爸传给我的一辆迷你哈雷·戴维森(Harley-Davidson)。这是他小时候拼命攒钱买的,现在30年过去了,他又把它留给了我。这辆摩托车对我来说很重要。

6. 您是一名画家,也是电影制作人,现在做植物设计。您怎么平衡在不同领域的身份呢?

我通过高效利用工作时间,制定每日计划来平衡这些工作。只要是写在计划上的事情,都必须当天完成,即使这意味着我早上四点半就要起床,一直工作到凌晨一点才结束。但是只有非常必要的时候我才会这样做。我平常都是五点半起床,晚上十二点准时睡觉。

7. 能不能和我们分享一下您的种植哲学?您对园艺新手有什么建议吗?

养植物一定要全身心投入。它们也是有生命的。它们需要你集中精力悉心照顾,至少一周养护两次。如果你认真照顾它们、了解它们,它们就会苗壮成长,给你提供新鲜的空气,快乐的心情,装点你的家。

▲ 一丛绿植和仙人掌。
▼ 希尔顿在养护绿植。
➤ 希尔顿将仙人掌与多肉植物一起放在窗边的位置,便于自己记得给它们定期浇水。

▲ 特写龟背竹与心形黄金葛。

➤ 希尔顿种植物的试管安置在"摇篮"墙上，植物长势很旺。

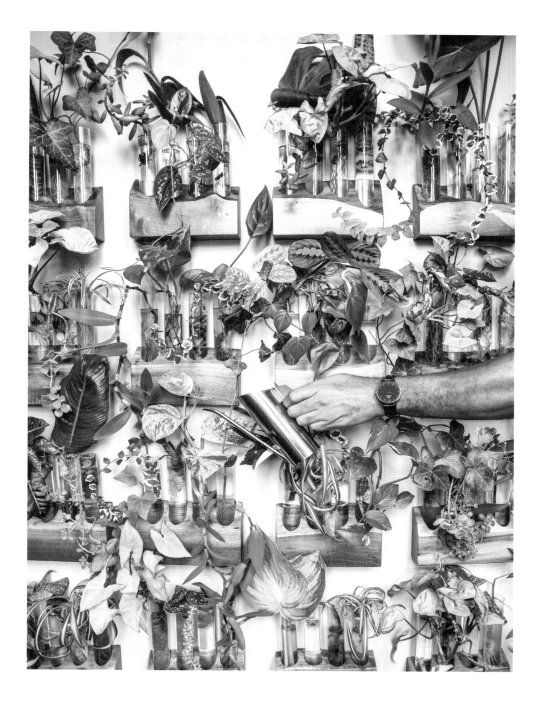

"于我而言，养植物最有意思的地方就是看着它们长大。
当它们一点一点开始展露出自己的独特形态与
神情的时候最好玩了。"

出发吧

流动花房

———

"我们的座右铭之一是'植物有灵'。
我们不该将它们视为
没有生命的物体。"

Ivan Martinez and Christan Summers

伊万·马丁内斯与克里斯坦·萨默斯

伊万·马丁内斯与克里斯坦·萨默斯是图拉植物设计（Tula Plants and Design）与
图丽塔卡车（Tulita truck）的创始人，他们沉迷于植物世界在设计领域的无限可能。
与大多数传统零售商店不同，他们给"图拉"和"图丽塔"注入了许多创意与活力。
伊万和克里斯坦的目标是让城市居民亲近植物，以此改善他们的生活方式。

职业：现代园艺家，设计师，植物爱好者
地点：美国纽约布鲁克林

　　伊万·马丁内斯与克里斯坦·萨默斯从小都被教育要爱护大自然，要与大自然为伴。他们都与绿树花草一同成长，都热爱自然，都有相似的广告学教育背景，最终，他们走到了一起。

　　在纽约这个鲜有绿植的城市，养些室内花草是人们接触自然的方式之一。克里斯坦厌倦了她的全职广告工作，极其渴望投入大自然的怀抱。于是她开始自学园艺学，并且遇到了伊万，他也认为自己所受的教育与创造力应当在植物世界寻找自己的价值。为了实现他们的目标，他们共同筹划，最终提出了一个植物商店的设想，"图拉"也应运而生。

　　图拉是一间美丽的花房，店内植物品种众多，平日向公众开放。伊万说："室内绿植能帮助忙碌了一整天的城市居民找回一点内心的安宁。有植物在身边，人就容易平静下来。照料植物是忘掉工作与生活压力的好办法，因为你在全心全意为另一个生命的健康着想。我觉得植物就像宠物一样，只不过更绿色环保。"图拉品牌还包括一辆被涂成深绿色的流动植物车——图丽塔卡车。植物车的主意是克里斯坦在某次晨跑时想到的。因为布鲁克林的房价太高，她觉得开一家流动的店面不仅能实际解决这个问题，还能接触更多人流量，将植物摆在大街上卖。这是他们从传统零售业向前跨出的新一步，现如今他们穿梭在布鲁克林与曼哈顿街头，流动售卖绿植以及相关商品。

◀ 图拉夏季快闪店的入口。

▲ 克里斯坦与植物互动。

▼ 伊万给植物提供更舒适的生长环境。

伊万与克里斯坦致力于引导图拉的业务朝本地化与可持续的方向发展。伊万负责品牌推广，包括商标、美学、视觉、创意方面的设计工作，克里斯坦则主要负责制定经营方案和财务计划。当意识到他们自己的产品也有不小的市场空间，他们就开始与志同道合的品牌和本地制造商合作，生产一些个性产品。2017 年，他们还开了服装与配饰的产品线，与本地陶艺师合作限量版盆栽组合，生产由洛杉矶回收棉制作的纯棉短袖。"启动了这些新业务之后，我们对植物的热情更加高涨，我们还有很多要学习的，这不断激励着我们！"他们说。

2018 年初，伊万与克里斯坦兴奋地宣布，他们在布鲁克林绿点社区的第一家零售门店就要开张了。伊万与克里斯坦激动地告诉我们，"我们仍然会继续发展图拉最初的品牌绿植产品线，内部进行设计，并在美国本土生产。未来 5 年中，我们计划将市场拓宽到全美，并发展海外业务。我们的目标是东亚地区！我们还想创新生产方式，种我们自己的植物新品种。等我们实现了这些目标一定会跟你们分享的！"

◀ ▲ 生长茂盛的绿植与土陶器是图拉店里的主角。

对谈伊万·马丁内斯与克里斯坦·萨默斯

1. 我们听说图拉最开始是一家花房咖啡厅。为什么你们选择将它改成一家花店呢?

花房咖啡厅是促使我们将"图拉"的概念落实的第一个想法。所有想法与创意都是在不断更新改变的,它们会随着时间变换形式和形状。这是构思过程的关键一环——你必须不断试探不断挑战你的第一个创意。从头到尾想一遍又一遍,问自己:顾客群体是谁?日常事务有哪些?你热爱自己提供的产品和服务吗?正是不断问自己这些问题,让我们意识到,我们热爱的是植物,我们要的是创新,我们享受将自然世界融入居民生活的过程。说不定兜兜转转,有一天我们又回去开起了花房咖啡厅呢!

2. 你们非常重视顾客需求,花很大精力教人们养护植物,这是为什么呢?

这个问题问得很好,这一点对图拉的品牌来说也很重要。我们创立公司之前,做了很多市场调研,我们发现很多花店都没有花精力了解顾客的居住环境和生活方式。所以我们选择与每一位顾客相处更长时间,深入了解他们家的情况,以便给他们推荐合适的绿植。就像相亲软件一样,我们就是中间的红娘。我们希望顾客感觉信心满满,觉得自己已经完全学会了怎么养活它,并且能养很久。

3. 你们与很多陶艺设计师、室内设计师合作,设计也是图拉旗下的服务吗?

是的,设计是图拉的灵魂。我们的目标是为顾客提供能将日常生活与自然世界完美结合的产品与体验。设计越来越要考虑产品的材质、制作方法,以及如何让产品在制造过程中不受外界影响。众所周知,全世界如今都面临着严重的环保问题,因此在图拉发展壮大、生产产品越来越多的同时,我们也努力想要创新生产,减少我们公司的碳足迹。

> " 我们的目标是让每一位顾客都能
> 充满希望地带着植物回家。 "

▲ 深绿色移动植物房——图丽塔。

◀ ▼ 图丽塔卡车吸引路人进去参观。

4. 这个问题是给克里斯坦的：图拉的网页介绍中提到，您曾在巴黎和曼谷待过，甚至还和鲨鱼一起游过泳。能跟我们详细讲讲这些经历吗？

这都是非常棒的回忆。和鲨鱼游泳是小时候的事了。我妈妈是个摄影师，当时她带我们到加拉巴哥群岛探险。有一天我们和她一起潜水，不一会就看到了铰口鲨和双髻鲨。我开始特别害怕，后来慢慢就冷静下来了，它们完全没有要吃我的意思！

我 2008 年搬到曼谷，在那里住了 5 个月左右，当时我和另一个艺术家合作设计了一个珠宝系列，在那是为了找工厂制作生产。我们成功地与一家女老板经营的工厂达成合作，然后做了 26 件金银珠宝组合。之后我就又搬到巴黎，计划分销这些首饰。我最后留在了巴黎，在那住了 4 年。那期间我启动了自己的第一份事业，开了一家专卖个性珠宝配饰的网店。那是一段美妙的经历，教会了我很多东西。

5. 你们的座右铭是"植物有灵"，能解释一下吗？

是的，植物绝对是百分之百有生命的。它们是活着、有呼吸的生命，对光照与晃动有自己的反应。它们的生长需要营养——食物、水和氧气，就跟我们一样！植物能看见光，能感受到重力。它们互相"交流"，群居生活。当你这么想的时候，你对大自然的整个看法都会不一样了。

▲ 土陶花盆是图拉植物店的亮点。
▼ 植物挂在金属网架上，等待售卖。
➤ 图丽塔卡车成为纽约街头的风景线。

图拉店中以绿叶植物为主。

"植物激奋人心——植物的生命如此迷人，它鞭策着我们，
世界很大，要学的还有很多。"

驯化自然

散叶漫枝

———

"热爱自然是我们的天性。
我们只是恰好从事了这份职业，
既能运用自己的技艺，
又能在自然中发挥创意，
与自然朝夕相处。"

Wona Bae and Charlie Lawler

裴沃娜与查理·劳勒

"散叶漫枝"（Loose Leaf）是艺术家裴沃娜与查理·劳勒的设计工作室，坐落在澳大利亚墨尔本科林伍德。裴沃娜与查理·劳勒擅于利用自然材料，创作独特的主题艺术装置。不仅如此，他们还常与一些成熟的大品牌合作。

职业：植物艺术家，作家
地点：澳大利亚墨尔本

　　裴沃娜与查理·劳勒都很喜欢通过自己的设计展现意蕴丰富的自然主题。沃娜是园艺学硕士，而查理是设计学硕士，两人在德国相识时，沃娜还在上学，没过多久他们就开始合作一些小项目。不久之后，他们决定移居澳大利亚。两人各自发展了几年事业之后，结合对方的专长，一起创建了"散叶漫枝"概念艺术工作室。他们说"散叶漫枝"是一个关键性工程，"这是我们之间期待已久的合作高潮。"

　　沃娜与查理的构想不久就成真了。"散叶漫枝"成了他们的家，两人在此实验新想法，创作大型植物设计。2014 年，他们又在工作室旁开设了多层次概念空间，其中包括一个零售商店，一间上课用的工作坊，还有一家画廊。这五年来，"散叶漫枝"已经发展成了当地的社区中心，展示国内外的植物创作、植物产品，与人们共享园艺知识。

　　自然是艺术家们永不枯竭的灵感之源，沃娜与查理的设计理念围绕"重返自然""与自然共同创作"展开。正是他们对观察、研究、探索自然材料的浓厚兴趣推动着"散叶漫枝"工作室的发展；他们的装置可能由数百朵干花组成，花朵随时间流逝而容颜枯槁；也可能由数千根树枝交织相叠，所建雕塑令人惊叹。沃娜与查理的作品突出了建筑环境与自然体系的互动关系，他们对自然材料的使用，反映了自然各个阶段、各种形式的美，让美不止停留在盛放的那一刻。

◄ ▲ ▼ 沃娜与查理的工作室"散叶漫枝",坐落于科林伍德。

"散叶漫枝"的装置鼓励观众互动参与，邀请观众们带着游戏的心态亲身体验他们的艺术品，这既能放松心情，又能引人深思。沃娜与查理的短时雕塑象征着我们的生存环境，反映了自然世界的脆弱。他们将人与自然紧紧联系在一起，这对人们的心理与生理健康也有好处。

　　"散叶漫枝"最近的项目实验性较强，工作室尝试创作了前所未有的大型作品，画廊与传统展馆都无法容纳，他们将作品装置在公共区域，例如东京（日本）、爱丁堡（苏格兰）、墨尔本（澳大利亚）的大街小巷之中。两人花了很大功夫搜到这些城市本土的应季植物，为设计创作之用，如日本樱花、苏格兰蓟、澳大利亚的金合欢等。2017 年，他们用野生天门冬创作了一件 10 米乘 10 米的悬挂装置，在西班牙公共艺术节展出。

　　沃娜与查理希望能通过这些实验，进一步理解人与自然的关系。如今越来越多的人迁往城市，生活与自然脱节，人与自然的关系日渐疏远。因此帮助人们重新返回大自然的怀抱这一意义十分重大，人与自然之间的纽带也会得到加强。

　　"我们希望通过作品激励人们多多与自然交流，与自然共同创作，"沃娜说，"我们一直在寻找大自然给我们的惊喜，从未停止过实验与学习——探索自然就是我们的动力。植物不是单纯用来装饰的静物；植物是个复杂的系统，是活的生物。我们觉得大自然真的很迷人。"

◄ "散叶漫枝"创作的"龟背竹吊灯（Monstera Chandelier）"。

▲ "散叶漫枝"的澳大利亚工作室。

驯化自然 ｜ 散叶漫枝   ·055·

对谈裴沃娜与查理·劳勒

1. "散叶漫枝"是一家植物工作室，你们是怎么进入这个领域工作的呢？

我们热爱那些自然唤起的非理性情感，我们也很荣幸能利用自然元素创造艺术。我们希望通过自己的作品加强人们与自然的联系。越来越多的证据表明，接触自然环境对人类身体健康很有好处。我们在设计时也会考虑这一点。做这一行的另一个优点就是，我们能有幸亲眼看到人们对我们装置的第一反应。我们乐于见证路人首遇我们作品的瞬间。这个领域的工作不管对创作者来说还是对观众来说都有非常强烈的满足感。

2. 你们通常从哪里获取灵感呢？

我们从自然与建筑环境中寻找灵感。我们喜欢强调这二者之间的关联。我们经常在某些独特的城市建筑中展览我们的植物设计，因此我们的作品非常好认。

3. 你们最喜欢的设计是哪几件？

我们喜欢给自己的设计作品加入一种嬉戏的精神，通常会给观众提供与装置进行互动的机会。观众喜不喜欢我们不知道，但或多或少能增加装置的趣味性。我们最喜欢的设计之一"龟背竹吊灯"，就做到了这一点，它是一个悬挂的球形绿植。我们会将它挂在适宜的高度，这样人们就可以站在它们后面假扮绿毛怪了。

最近我们做了一些实验性设计，将我们的设计理念脱离画廊与传统展馆，带到公共空间。我们最近在日本、英国、澳大利亚、西班牙分别实验了这种想法，在以上各地的画廊与街道创作了一系列交互植物装置。

> 66
> 我们最近在做实验性设计，作品带着我们的设计理念一同跳出画廊与传统展馆，降落在公共空间。
> 99

◀ ▲ ▼ "散叶漫枝"的雕塑艺术装置将人与自然联系起来。

4. 你们有几件室外装置体积非常大，搭建时需要爬上爬下才能完成，这对你们的创意实践有什么影响吗？

我们对"失重"这个创意特别着迷。我们就是想结合悬挂的方式，让作品看似飘浮在空中。因此我们现在越来越会爬梯子了，剪叉式高空作业台上也能上下自如。

5. 你们受邀为许多国际盛会设计装置作品。哪一件曾经引起较大轰动呢？

我们的确有幸为许多大品牌、大活动设计装置。最近我们受邀去西班牙科尔多瓦创作装置，参展植物艺术节（Festival Flora）。我们创作了一个超大的悬挂型装置，长10米宽10米，安装在一座16世纪宫殿的天井。在这种超现实又富有灵感启发的环境中工作，非常有利于我们的设计创作。

6. 你们出版了《散叶漫枝》同名书籍。通过阅读此书，你们最想给读者带来的东西是什么？迄今为止，你们收到过什么有意思的反馈吗？

《散叶漫枝》这本书与读者分享了我们对植物的热爱。它旨在鼓励读者发挥创造力，自己尝试制作植物作品。通过展示我们的设计作品与园艺技巧，我们希望读者了解并爱上四季的花花草草，将大自然领进家门。书中每章开头都会介绍一件装置以激发灵感，然后再延展出同类小型装置，引导读者亲自尝试制作。

我们很高兴看到来自世界各地的书评反馈。我们也看了读者的一些小创作，非常漂亮，很有意思。

▲ 查理在剪切固定龟背竹用的铁丝网。
▼ 装置"盛放后"。
▶ "设计档案馆"展览作品。

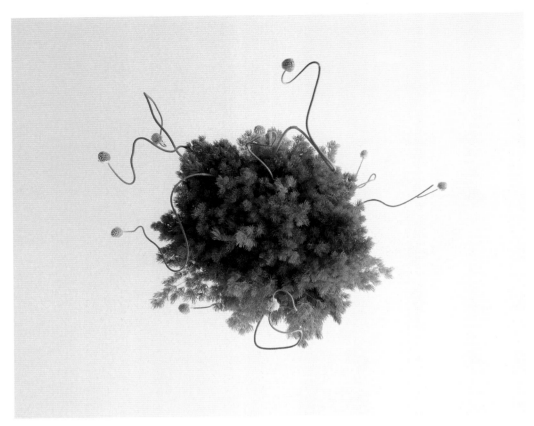

▲ ▼ "散叶漫枝"创作的植物装置。
➤ "散叶漫枝"的装置《自由落体》，展于西班牙科尔多瓦。

"我们对'失重'这个创意特别着迷。我们就是想结合
悬挂的方式，让作品看似飘浮在空中。"

悬停之艺
漂浮的手工艺品

———

"我喜欢不同项目带来的挑战，
我还喜欢团队合作，
人们的思想差异会碰撞出
意想不到的火花。"

Josh Rosen

乔什·罗森

乔什·罗森以"空气凤梨园艺家"（Airplantman）的名号为人熟知，他正是这个品牌幕后的老板。出于对铁兰以及其他气生植物的喜爱，他成立了自己的公司，专门照料这些小生命，向人们展示它们独特的魅力。他的手工作品挂在墙上，如同有生命的艺术。他的目标是让空气凤梨（后简称"空凤"）成为植物界的焦点，创造非凡的影响力。

职业：景观建筑师，艺术家，园艺学家
地点：美国加利福尼亚州圣塔莫尼卡

　　乔什·罗森在新泽西州的拉里坦河边长大，他特别喜欢沿着纤道跑步，或是在树林里漫游。河边、林中的美景对比鲜明，直到现在还能激发他的创作灵感。他非常钟爱河里生锈的旧锁，这些锁曾经用来标示水位，它们设计简洁而具有功能性。这里简朴的生活培养出他对大自然无与伦比的热情。

　　他与空凤的故事始于一次夏威夷之旅。当时他在那见到了许多品种的空凤，它们外形奇异罕见，生长习性非常独立，种类繁多，比如体型小巧的树猴（Duratii），身形怪异的水母头（Caput Medusae），还有叶片卷曲的电烫卷（Streptophylla）。

　　乔什惊讶地发现很多人都养不活空凤，于是他决定成立自己的公司"空凤园艺家"，来推广这种雕塑般的小生命。乔什创新地将空凤引进公众视野，被公认为该领域的先驱。人们见到他的作品时一脸惊叹的表情让他很是享受，他说："通常人们看到植物的时候，大脑都不会为之停留，该干什么还干什么。我们想要增强这种认知失调效果：'等下，这是棵草啊，但它好奇怪啊竟然飘在半空。怎么回事？我得看看去。'"

　　乔什还发明了新产品，比如空凤专用器皿、专用框架，给空凤提供充足光照和空气，便于日

◄ 各种形态的植物摆满了乔什的工作室。
▲ 乔什用一把木头椅、一张金属桌、几个铁框架来展示他的空凤作品。
▼ 桌上放着几盆花草，长势喜人。

常养护、定时浇水。

　　除此以外，乔什与多家客户合作，创作了许多大型作品。他的设计不是简简单单把空凤用钓鱼线挂起来，而是精心编排制作的。乔什与他的客户花了大量时间，反复敲定产品和装置的每一个细节，力求寻找最简便但最有力的解决方案。他选择合作伙伴的标准看的不是设计图纸，不是效果照片，而是能否相互信任。有时他的客户根本无从得知作品会是什么样，直到作品完成才能一睹真容，这使他有机会让观众退一步，以全新的方式认识自然。"我从不会让任何人失望；这样做只是因为我们有足够的信心，实现作品的前进与飞跃。空凤是很好相处的，一般都很配合。"乔什说。

　　日常工作之外，乔什还很爱旅行。不久前，他参加了一次铁兰主题生态旅行，去到墨西哥的瓦哈卡州与恰帕斯州。多年来，乔什一直是在育苗园订购成箱的铁兰属植物，因此当他来到这片遍地生长着铁兰的土地，他既兴奋又感动，如同第一次到老朋友家中做客。这趟旅程对他的工作而言也有学术上和实践上的帮助。他将这段经历拍摄成了短片，发到网上与他人分享。"希望以后能多多出去看看，了解不同植物的'家园'"，乔什说。

◄ 乔什在他的院子里摆弄空凤植株。
▲ "空凤园艺家"工作室外悬挂着一个巨大的空凤框架。

对谈**乔什·罗森**

1. 您的事业是如何起步的？

　　作为一名景观设计师，我的工作是设计室外空间。其中我们有一个项目，客户要求做一面生态墙。我特别喜欢空凤，当时我就把在家里试过的空凤墙创意提了出来，结果还获批了资金，能建造一个更精致、更完善的空凤墙。最后出品惊人的好，我马上想到，这种定制项目可以投入量产，售卖到全世界。其余业务就是跟进新项目的需求，经营网店满足客户需要。

> **我事业启动的第一步，纯粹是出于对这些植物的热爱，出于想要改善它们的陈列设计的念头。**

2. 您制作了许多现代风、极简风的"直立花园"生态墙，展现空凤的迷人魅力。您是怎么想到这个主意的呢？

　　我们的目标就是创造能满足以下三点的产品：第一，强调空凤的独特性——它们在空气中生长，形态优美独特。第二，能为空凤提供生长所需的条件，即空气流通、浇水方便。因此我们的空凤专用框架是完全防水的——便于将框架和空凤一起整个浸入水中。空凤不能打理得太频繁，因为人手上含有的油脂对叶片有害。我们的产品方便你在不用手接触植株的情况下给其浇水，让植物长得更健康、更漂亮。第三，产品必须精致，独具美感，衬托出空凤特别的形态。让天成的植物与人造的直线型器皿共同焕发美感。

3. 我们听说您在芝加哥上学的时候非常喜欢收集植物，甚至还在植物园实习过一段时间。后来您又在亚利桑那大学获得了景观设计的硕士学位，继而搬到了洛杉矶。您在过往的经历中得到了什么收获？

　　旅居美国各地的经历真的很有趣。每个城市都有自己的特色和地标景观。能讲的实在是太多了，非挑一个的话，我想谈谈我在大学学习哲学的经历，它引导我追寻自我与现实世界的联系，尤其是人与自然的关系。我开玩笑说，学了哲学之后，我不再想空谈现实，而是真正开始做点实

▼ ▲ 乔什的工作室外景。
▼ "空凤园艺家"工作室的桌子上放着空凤框架。

际的工作，做出别人不可否认的作品。景观设计这个职业正是给人营造体验，设计居所，且能在其中建立起人与自然和谐互利、相伴而进的一种关系。过去10年，我在洛杉矶做景观设计师的经历非常精彩，有好有坏，见了许多人，去了许多地方。今后我希望能吸取教训，进一步改善我们的设计、建筑，提出更好的理念改善人们的生活，打造更健康的生态系统。这是个艰巨的任务，但我们将砥砺前行。

4. 您觉得在家里养植物的好处是什么？

这很难说——因为很不凑巧，除了养花，我还养猫，对于猫来说，吃花比看花有意思多了。尽管我的花园和工作室都摆满了植物，但是家里没有一棵能幸免于难，都被猫咬了。

5. 您的客户遍布全球。今后您想去哪里发展呢？

我想先去世界各地旅行一下，去见见我们这几年来认识的很棒的朋友、喜欢我们作品的顾客。作品在新加坡、澳大利亚、日本的反响尤其热烈，因此我近期想环太平洋旅行一次。

▲ 种养空凤的专用器皿——上釉陶瓷。
▼ 乔什在制作植物作品。
➤ 挂在墙上的长方形空凤专用框架。

▲ ▼ ▶ 乔什与许多客户、各种品牌合作制作大型项目。

"我们的灵感通常源于客户驱动。客户提出想法需求，我们再加入创意和改编，精彩的作品就这么诞生了。"

花植篇

『芳香是一种力量。自然界中强弱的此消彼长构成了我们，构成了我们周身的世界。』

——克莱尔·巴斯勒

复古芬芳
与繁花的邂逅

———

"寻找自我，忠于自我，坚守自我。
乐于改变，不断调适。"

安娜·波特

安娜·波特在英国谢菲尔德（Sheffield）开了一家漂亮的花店，店名也很有诗意，叫"燕子与西洋李"（Swallows & Damsons）。店内经营应季鲜花，装潢以淡朴的乡村风格为主，陈设多为珍奇古董，弥漫着浓厚的复古情调，是谢菲尔德独具特色的店铺之一。安娜一生收到过最美好的建议便是"追随己路"，她受之鼓舞，不断探索各种艺术表达方式，以展现自己独特的创想。

职业："燕子与西洋李"的店主
地点：英国谢菲尔德

▲ 安娜在花园里照料五彩斑斓的羽扇豆花丛。

    安娜·波特就读于谢菲尔德哈勒姆大学（Sheffield Hallam University），在那儿取得艺术学位后，她便到了当地两家顶尖的花店里工作，担任高级花艺设计师。正是在那里，她意识到了自己内心真正渴望做的事，那便是开一家花店。

    带着满脑子的想法和创意，安娜开始每周末在一家精致的巧克力店里售卖鲜花，开启自己的花店创业之旅，这是"燕子与西洋李"的雏形。没过多久，她与丈夫丹（Dan）买下了一间旧办公室，并把它改造成了"燕子与西洋李"的门店。店铺地处谢菲尔德古董区的中心，坐落在阿贝戴尔路上，两边分别紧挨着詹姆逊的茶室和一家有机蔬果商店。说到店名的由来，安娜讲："我小时候最喜欢的书就是亚瑟·兰赛姆写的《燕子号与亚马逊号》（*Swallows and Amazons*），我家花店的名字也是根据这个起的。这本书讲了一个关于冒险、幻想与大自然的故事——这三个元素正是我们花店不可或缺的。"

    安娜钟情于复古风情与乡村格调，她决心为谢菲尔德增添一抹别致的色彩。"燕子与西洋李"店中，各式各样的装饰品完美地糅合了复古的特性与优雅的气质——书架上放着一套兵马俑古董茶壶，还有一些充满历史气息与自然气息的小摆设，几个黄铜质地的瓶瓶罐罐，还有一只叫"玛格丽特"的毛茸茸的喜鹊栖在旁边的橱柜顶上，它是店里的吉祥物。

    安娜和丹喜欢"淘"宝。他们从国内外的老房子、二手商店淘到了很多时髦独特的物什，经

▲ 安娜经常来玫瑰花园选花，这里给她带来无限激情与创意。
▼ 安娜在查茨沃斯庄园（Chatsworth House）的温室准备花束。

过他们悉心的修复和保养，这些"老家伙"如同涅槃，重获新生。他们想要打造一个简约个性的空间，使他们喜爱的古董摆件重新焕发光彩。

安娜格外注重色彩、色调和质地的搭配，因此她的花艺设计都严格遵守插花的原则。根据顾客的不同要求，她也在不断调整花朵与空间的平衡。她的作品反映了西方花艺的特点：色彩丰富、动态形体、多样但不杂乱。尽管她的作品总能给房间营造出一种浪漫主义气氛，但安娜其实更注重实用主义——简单但不囿于常规，优雅并且强调细节。

她经常选用残剩的花朵，创作出富有自然魅力的作品。她也举办花艺公展，将原本看似不搭的色彩巧妙地结合起来。创作此类项目时，她大都会选择花朵大而蓬松的花园玫瑰，这令她想起奶奶的玫瑰花园——也就是她的花艺启蒙地。

通过社交媒体、线上报道和纸媒传播，"燕子与西洋李"的人气越来越高。安娜也很喜欢与粉丝们分享自己的创意。她还在店里开设了花艺培训班，教授插花艺术课程。

平日里，安娜还喜欢与她的两个儿子乔治（George）和阿尔伯特（Albert）一起到户外徒步，探索谢菲尔德的乡村。她深爱着这座城市："我来谢菲尔德上学的时候就一下爱上了这里，爱上了它的城市、乡村，还有生活在这里的人们。谢菲尔德的城市建筑与设计美学中有不少工业遗风，而它同时也不乏郁郁葱葱的田野、铺满绛紫色石南花的山丘，这二者相互矛盾，对比鲜明，是我创作灵感的源泉。"

◀ 安娜用独尾草、罂粟花、贝母花、毛茛创作插花作品。
▲ 安娜用春天开放的花朵装饰楼梯，给来访者展示不一样的魅力。

对谈**安娜·波特**

1. 您经营"燕子与西洋李"已经有好几年了，请问您最初为什么会选择成为一名花艺师呢？

我从小就喜欢种花，当时家里有个大花园，我奶奶种了很多玫瑰，什么品种都有，我那时可喜欢摘花自制香水了！从那时起我就对花朵非常着迷。取得美术学位之后，尽管没什么工作经验，我还是很幸运地找到了一份花店的工作，就在谢菲尔德当地。那时我意识到，花艺将成为我毕生的追求。我和各种不同风格的花店合作过，但其创造性的缺失令我非常沮丧，我想要的是更接近自然的花园式工作环境，可当时并没有这样的花店。2008年我开了"燕子与西洋李"，由此也开始用自己喜欢的风格创作插花作品。

2. 您还记得自己的第一位客户吗？

我们现在还会定期和不少早期客户见面啊！"燕子和西洋李"处在社区最中间，人际交往是我们工作的核心。与顾客保持联系、与他们互相关怀，这对我们来说非常重要。作为一家店，要保证一个固定的营业时间是很困难的，但也只有这样，人们才能在需要买花时放心地来，我们也很荣幸能为他们生命中的重要时刻增色添彩。

3. 您曾为英国女王设计花束，当发现自己的客户是女王时，您的心情如何呢？

我那时特别紧张，简直受宠若惊。当时我们在最后一分钟才被通知要改造型，这意味着我们又要重新考虑配色设计来搭配造型的调整，这个体验真的太刺激了！

> 花有自然生命，朵朵各不相同，各有自在的法则，这就意味着用它们创作时要尊重它们的个性，不能千花一律。

◀ 矾根属植物的叶子在安娜的作品中最常见。

▲ 安娜在制作花束，后墙上贴着丹的植物小画。

▼ 手工烧制的瓷器陶盆摆满了商店的货架。

4. "燕子与西洋李"未来的发展方向会是如何呢？比如近 5 年的发展？

我们希望能打造出一个具有国际创意影响力的品牌，同时在社区中心保留一家本地门店——就像经营一个老式的家族企业一样。

5. 你们家收藏了很多漂亮的古董旧物，哪一件是您最珍视的？您是一直都喜欢古典风格吗？

我们的书架底座是一条旧长椅，它原本属于一座1817 年建的哥特式教堂，但后来所有的长椅都被清出来，换上了现代的塑料椅子。我们将这些长椅带回花店，使得它们重新焕发了生机，商店也因此增色不少。我一直都喜欢古董旧物，它们身上都承载着时光与故事，自带神秘感。在我小时候，这些老物件不断地启发我的想象，让我梦回百年，设想那时的生活是什么样。我很高兴它们能成为花店的一部分。孩子们一踏进店门，他们就会被动植物标本、罕见的古代器物所吸引，这也是一场真正的亲身体验。

6. 听说您的丈夫是一名插画家，你们是怎么认识的呢？

我们是大学期间在谢菲尔德念美术专业时认识的。丹和我一起经营"燕子与西洋李"，他同时也是一名优秀的插画家，专画精细的花鸟鱼虫。我们柜台后墙上展示的所有插画都是他精心挑选摆设的，这也是店里我最喜欢的地方。

7. 能和我们分享一些养花的小窍门吗？

一切从简。保证它们的生长环境通风凉爽，水源洁净。

▲ 书上随意地放着两朵铁筷子花。
▼ 花瓣散落在木地板上。
▶ 安娜在布置花朵。

▲ 安娜作品中的菊花、大丽花、玫瑰、百日菊和谷穗完美搭配，如同一幅油画。
➤ 古典造型的容器中插放了朱顶红、罂粟花、毛茛、银莲花、玫瑰等。

"与自由生长的娇柔花叶朝夕相处真的非常美妙。
我并不想把它们局限在设计的样式中，恰恰相反，我想让
花朵自身成为创作者，释放出它们的自然天性。"

含羞盛放

自然馨香

———

"芳香是一种力量。自然界中强弱的
此消彼长构成了我们，
也构成了我们周身的世界。"

Claire Basler

克莱尔·巴斯勒

这位法国传奇艺术家是一名自然景物画家。她的大部分作品都聚焦在花卉与绿植
上。她深爱 18 世纪法国艺术，并发明了她自己的具象艺术风格。她的静物画卓
越超群，给其他艺术家带来了无限的启发。

职业：花艺师，画家
地点：法国埃沙西埃博瓦尔堡

▲ 博瓦尔堡四周绿林与草地环绕。

　　克莱尔·巴斯勒的父亲是一名艺术家，从小就让她饱受艺术熏陶，鼓励她考美术学院深造。毕业后，她潜心学习罗浮宫中收藏的杰作，得到了进一步的启发。她说，罗浮宫帮她找到了自己的方向，带领她走进了属于自己的艺术表达之门。怀抱着满腔赤诚与亟待自由的渴望，她坚定了要成为艺术家的决心。

　　克莱尔·巴斯勒出生于法国万塞纳，从孩提时代她就表现出对于探索自然的极大热情。她的作品以自然美景为主，对此她说这是个"自然而然的选择"。细致的观察与深入的自然体验给她带来了无穷的灵感——花朵的娇柔，树木的伟岸，森林的壅塞拱道，草地的豁然开朗——所有的一切都敲击着她的灵魂，唤醒了她深藏的自我。

　　克莱尔喜欢 18 世纪的艺术美学，她的作品与 20 世纪 80 年代盛行的抽象艺术与概念艺术大相径庭，那时她正在寻找自己的美学风格。最终她选择了具象艺术，并将自己的风格融入静物画中，创作生动的形象。尽管当时她被主流风格边缘化，但这丝毫没有动摇她的信仰。时至今日，她仍在用笔尖探索大自然。

博瓦尔尔堡中伞状花序与东方罂粟盛放其中，墙面是克莱尔的画布。她在此空间中创作花卉油画作品。

在克莱尔的作品中，我们并没有看到争奇斗艳的群芳绽放。她的画巧妙地融合了她在自然中的所见、所感、所思。每一寸色彩都在诉说着自然与人的故事。她力图在画中揭秘花朵的生命周期——不管这花是笑迎春风暖，还是勇斗霜雪寒。生命与活力是贯穿其作品的两大主题，这不仅还原了植物在自然环境中求生的本真，更是叙述了生命的起承转合。

克莱尔与她的丈夫皮埃尔（Pierre）住在埃沙西埃的博瓦尔堡，这是一幢建于13世纪的古城堡。这座城堡是她在网上无意浏览时一眼相中的。从屋顶的修葺，水电路的铺设，花圃的开辟，到家具的装饰，全都是她和丈夫一手设计操办的。她将家中的墙壁当画布，每个角落都绘满了盛开的鲜花。

博尔瓦堡离市区很远，正好给克莱尔创造了一个安宁的创作环境。她时不时还会举办开放日，让人们来参观、购买她的画作。她觉得能以画为生，实属有幸。这就是大自然母亲对她最好的馈赠。"快乐是生活与工作之必需。快乐与美是动力之源。"克莱尔说。

◀ 自然就是克莱尔的生存哲学。

▼ ▶ 不同的生活空间和各色颜料定义了整个博瓦尔堡的内貌。

▲ 自然不仅仅给克莱尔提供了灵感，还有自由与自信。

➤ 克莱尔笔下的花植画作。

1. 您是一名自然景物画家，您为什么喜爱以这个主题作画呢？

我爱大自然所带来的感官享受，它的刚柔并济，它的丰沛情感，它的精妙色彩，它的明暗变化。自然之中蕴藏着永恒的生死对决，或存或亡，都有其蕴含的意义。对于这个生生不息的宇宙，我始终抱有无尽的热情。

2. 改造博尔瓦堡最大的挑战是什么？您是如何克服困难的？

万事开头难。我们有漂亮的城堡，但没有最基本的生活设施。冬天屋里面冷极了。所有事情都得一下完成：铺电路，给大烟囱装管道，砌墙，修窗户，建厨房和卫生间，等等。第一年我就开始画墙绘，这的确很有用，城堡再一次充满了生机。这也给我们增添了新活力和新希望。

3. 您从 18 世纪的艺术中找到了什么灵感？这给您的画作带来了什么样的影响？

最先影响到我的是 17、18 世纪的法国艺术。我喜欢这个时期艺术的神秘感，喜欢它的甜蜜与清香，它的梦幻和力量。很难去概括这些画作的整体感觉或者中心思想。感觉是复杂的——除了画面本身的内容，它们的影响还源于绘画的方式、画家的手法、色彩的运用、绘画的材料以及强烈的情感。我反对知识性艺术这种概念——我更倾向于知觉性艺术。

4. 您如何通过自己的作品与观众互动？

我很高兴每个人都能在我的画中找到自己，有自己的不同感受。这是看画者与作画者之间的一种自由沟通。我不想强加给他人任何东西，尤其是思想。我力图画出那些深深打动我的、点燃我的画面。画画就像呼吸一样平常，每天练习是很有必要的。作画是定期的对美的观察。

> **"**
> 我活在彩色之中。四季仿佛是场充斥无尽色彩的游戏。我为之讶异，为之着迷，为能拥有如此丰富的情感感到无比幸福。这些都是大自然的馈赠。
> **"**

▲ 画中花与画外花，花花相映。
◀ ▼ 克莱尔喜欢将室外景色画入作品之中。

5. 花朵与云朵梦幻交融，背景色调柔和朦胧，这是您的标志性风格。您什么时候开始用这种风格作画的？您曾经受过其他风格的影响吗？

你形容得很恰当。没，我没有受其他风格的影响，我自己创立了这种风格。我认为它源自童年的快乐时光。被边缘化的经历使我不会过分追求主流时尚文化。因此我找到了一种永不过时的现代绘画形式。我也不是不食人间烟火。大自然不只是我们精神领域的一个主体，它能在很多层面与我对话。我可以是一朵小雏菊，也可以是一棵树。我想传达的是生命力。这的确和我所经历过的时代主流风格完全相反。

6. 您对于新一代艺术家该如何坚守自己的风格有什么建议吗？

自由对艺术家而言与社会地位无关，它是最珍贵的，值得你"背叛"全世界。

7. 对您而言，描绘自然是个事关生死存亡的问题。您能解释一下吗？

生活即战场。橡树的大部分果实都会摔落到地上，只有少数能存活下来。每个人都需要接受自己的存在，即便他们正遭受着意料之外的暴风雨，或年轻时心中的欲望漩涡。生活就像走钢丝，脚踩脆弱不堪的绳索，头顶风吹日晒雨淋。一边战斗，一边适应。必须不断学习，接受不同。接受并不是失败，而是学会倾听另一种声音。如果我不描绘自然，我会被自我怀疑所击垮。

▲ 五颜六色的画刷是克莱尔的作画工具。
▼ 彩绘的花墙衬出盛放花朵的娇美。
▶ 克莱尔的猫好奇墙上画的花朵。

▲ ▼ ➤ 克莱尔的油画中开放着各种各样的花朵，有东方罂粟、银莲花、万寿菊、金露梅等。
它们代表着希望、生命、快乐、无限的可能。

"人类拥有的东西远不及自然界中的多。
我们有的只是不同的表达方式，野蛮时代有野蛮的方式，
文明时代有文明的方式而已。"

工艺色彩

精美花环

———

"学习曲线有很多种，
制作手工的过程
就是一条恒定的学习曲线。"

Olga Prinku

奥尔加·普林库

奥尔加·普林库是一名工艺师、手作人，善用绣绷制作绝美的花艺作品。她选取干花或鲜切花，妙手编制叶花果植物装饰环，其成品既能展现花卉植物之魅力，又能给观者带来愉悦的享受。

职业：平面设计师，工艺师，手作人
地点：英国亚姆

　　奥尔加制作花环的契机纯属偶然。她之前很长时间都是从事毛毯生意，自己编织，对外售卖。有一天，正值圣诞节庆，她为了推销产品在社交媒体上发了一些圣诞袜的照片。为烘托照片中的节日氛围，她在画面中布置了一些圣诞花环。她没想到，人们对这些花环反响热烈，好评如潮，她很受鼓舞，因而开始制作花环，后来逐渐转业到了花艺创作上。

　　相比于提前设计规划，奥尔加创作时更喜欢随性而为。她优美独特的设计源于对花材、纱布等用料的讲究以及针脚细密的排布，但她如何设计则取决于作品的复杂程度以及所要传达的思想情感，她用作品来阐释自己对生活的感悟、对家庭的热爱、与大自然之间的协作。完成作品后的下一步就是线上销售。由于花环非常脆弱，因此这个环节极具挑战性，为保证作品在运输过程中完好无损，奥尔加实验了各种包装方法。

　　目前，奥尔加在优兔（YouTube）这一视频网站上分享了花卉工艺品的制作教程。问及她录制这些节目的初衷，她解释道："一部分原因是，有人想叫我开间教学工作坊，但人一多我就不好意思说话。我觉得录教程视频是个锻炼的好机会，能练练该怎么讲解我那些手法和技巧。还

◄ 客厅中摆放的木兰花，等待被移栽到室外。
▲ 奥尔加的客厅墙面上挂着夏季罂粟花做成的钟表花环。

有，每当有人对我的工艺品表示好奇、感兴趣，我就特别激动，我很乐意向大家展示我的作品以及制作方法。"奥尔加的视频教程将有着相同爱好的人们吸引到一起，他们之中有的人还成为好朋友，对此奥尔加非常欣慰。

奥尔加认为，她目前的工作源于她对平面设计的喜爱。她之前在一家小型平面设计机构工作过，也做过室内设计杂志，这些经历提高了她的视觉审美能力。奥尔加非常珍视制作成品，但除此以外她最享受的还是创作的过程——不断涌现新想法，不断试验，不断失误，通过这个反复的过程挑战自我。

除了花艺，她还热爱园艺与摄影，摄影使她能拍摄并分享自己的作品。

◀ 餐桌上方吊挂着桉树叶制成的圣诞彩带。

▲ 厨房中的橱柜细节图，以及一个极简风蕨类植物环。

▼ 奥尔加办公桌上的编织篮、花果环。

对谈**奥尔加·普林库**

1. 您大部分作品都是花卉、织物、纱布三者结合。您是怎么想到将这些材料搭配在一起的呢？

答案很简单。有天早上，我一觉醒来突然想到了这个主意，然后就想试试看能不能行。我过去做过点绣活，所以我觉得可以用绣绷抻着纱布，把花朵织上去。鲜花、干花我都试过，还试过编织成各种网状结构，比如铁丝网桌面，也试过框架结构，比如灯罩之类的。并不是每一次尝试都能成功，但你不试永远不知道行不行。

2. 要制作花环或绣绷环，您挑选花朵时有什么讲究吗？

我喜欢做季节主题作品，所以倾向于选用应季材料——挑选土生土长的花朵和种荚，晒干备用。最好选择花茎纤细、花朵较小的植株，这种花特别适合做绣绷环。通常我做绣绷环时，还会刻意选用同色系的花植，色调柔和也好，色彩明艳也好，都要保持和谐统一。

3. 在您的创作过程中，最困难的地方是什么？最有意思的部分呢？

最困难的部分在于花朵质地娇嫩。有时候倒还好，做得稳稳当当，但总有些日子特别不顺，花朵不是折了就是坏了。我觉得这跟我当时的心境有关——心气平和有耐心的时候就做得好，着急赶工的时候就总犯错，越做越懊恼，只能走开先干会儿别的。最气的是，搞坏了一朵花，却没有合适的能替代，整个设计都得重新编排。我觉得最有意思的是最后看到完整设计的激动时刻，因为我事先并没有设想过它会是什么样子。

> " 对于我来说，没有什么能比得上亲手制作带来的成就感。 "

◄ 奥尔加在工作室织冬季围巾。

▲ 针织实验：用粗针织麻，最后收成一只口袋。

▼ 奥尔加进一步实验：大孔松针，看看织入花朵的效果怎么样。

4. 您的设计作品能保存多久？

　　你必须做到两点：尽量避免光照直射，控制湿度。所以把花朵放在浴室就不行。如果你把它裱起来，罩在玻璃板后，那就能保存得好一点，而且也不会积灰。有的花保存时间更长，我还在逐步探索当中。

5. 您住在一个安静的小山村，您也提到说自然环境给您带来了许多灵感。身处大自然，您最喜欢做些什么？

　　我喜欢在附近散步，也喜欢在村落周边远足。我们住的地方离野地和海滩都不算太远，因此很方便到处去看看。住在乡下，人对季节变化就特别敏感。即便只是坐在副驾，从车窗向外探看路边的花草，我也能得到不少启发。

6. 您讲过，您崇尚简约，这在您的摄影与作品中也有所体现。您能谈谈您的美学观念吗？

　　我的审美崇尚极简风——我们的家装就是纯木地板和白墙。我还喜欢有一些明亮的色彩与极简的环境产生对比。我钟爱自然的质地。除了干花和编织羊毛，我还很喜欢用海边捡来的浮木进行创作。

▲ ▼ 奥尔加结合干草、豆荚，制作夏日草地花环。旁边是她收集的干花。
▶ 奥尔加每年都会将自己最喜欢的照片打印出来，制成一本纪念册。

▲ 绣绷装饰上干花，就成了一个巨大的壁钟。

▼ 秋季主题的绣绷花环。

➤ 织进椅子中的花朵。

"我认为人应该搞清楚自己想实现什么，
并以此设立自己的目标，因为每个人所处的状态
都会随时间而产生变化的。"

诗意植情

玻璃房中的花艺家

———

"我们的工作不遗巨细，而且
我们仍想做得更多。
世上本无物，但我们想造物。"

Manuela Sosa Gianoni

曼努埃拉·索萨·吉安诺尼

曼努埃拉·索萨·吉安诺尼是"冈与乌尔"（GANG & THE WOOL）的创始人。"冈
与乌尔"坐落在巴塞罗那的一处山顶上，晶莹明亮的玻璃房子中异香扑鼻，花色
斑斓，她的工作室简直是爱花者的天堂。她将自己对花艺设计的爱融入工作中，
养护花草并用其进行创作。她崇尚自由与创造，这在她的作品中也有很好的体现。

职业："冈与乌尔"创始人
地点：西班牙巴塞罗那

　　曼努埃拉·索萨成长于乌拉圭，也是在那里，她开始了自己的探索和冒险。但在获得美术与建筑学位后，她决定搬到巴塞罗那——这个城市气候宜人，有山有水，文化多元，她对此十分向往。此外，这里对艺术家十分友好，不仅有丰富的原材料，还有许许多多有创造力、"不安分"的人一路同行，其中有些人在曼努埃拉踏入花艺世界之前就与她有过设计与展览制作方面的合作。

　　曼努埃拉无比热爱大自然，她没法想象自己如何生活在一个没有清新空气、没有山水树木的地方。"自然无疑是我们人类拥有的最伟大的东西。我们的任务就是珍惜她，照顾她，感受自己身心完整地站在蓝天下。"曼努埃拉说。出于对自然的深爱以及对融入自然的渴望，曼努埃拉开始在自己的设计中加入花朵元素，后来有一天她突然意识到，花朵也可以成为她设计的主流元素啊。由此，"冈与乌尔"就诞生了。"冈与乌尔"是曼努埃拉创立的花艺品牌，虽然这个名字听起来好像和花没什么关系。她创立这个品牌时还在设计领域工作，她想起一个意蕴内涵丰富的名字。"我总觉得这很有趣——店名包含着许多花朵以外的东西，然而花朵却是我们作品的主要材料。"曼努埃拉道。

◄ 曼努埃拉大部分时间都待在这间小玻璃温室中插花，举办活动，等等。
▲ 花材躺在桌面上，等待妙手再造。
▼ 曼努埃拉在裁剪植株。

"冈与乌尔"位于巴塞罗那城外的一座田园小山丘上。这里不仅是她的工作室，也是她的家。她当初想建一座自己的房子，应用多功能设计，以满足她个人生活的多样化需求。最终她决定建一座透明的玻璃温室，这也是她一直以来做梦都想要的。"冈与乌尔"曾被西班牙《服饰与美容》（Vogue）誉为世界上最美的花店之一。如今，曼努埃拉的"冈与乌尔"不仅经营花艺工作室，承办私人用餐，还有摄影业务。她的定制作品吸引了很多找寻灵感、寻求合作的人。

　　曼努埃拉插花时，通常会结合来自荷兰阿尔斯梅尔花市的鲜花（全世界最大的花市）与她自己找的地中海花材。她喜爱即兴创作花束，在此过程中，她力求突出花朵自生的天性，而不是刻意将花朵限制在某种僵硬的结构或是技术层面的规则形制之中。她爱残缺的美。

　　对于她来说，每一朵花都是独一无二的。因此，她在创作插花组合时，一定要看到花朵在花瓶中绽放的全过程，她还很留心花朵适宜摆放的位置，以便于它们能够自然地凋谢。她觉得自己是一名匠人，永远保持着对不同创造领域的好奇心。她解释道："手工能化无形思想为有形，时刻得与材料打交道。我喜欢不断试验，看看什么样的作品适合这个环境，应该选什么花，选什么颜色，怎么样组合。"

　　每天早上，曼努埃拉伴着清脆的鸟鸣声醒来，准备一顿精致的早餐，在自然世界中开始她一天的工作。她很乐意全心投入自己热爱的事业，这使她每天都能满怀激情地醒来。"没有比这更美好的事了！"她感慨道。

◀ ▲ 曼努埃拉选用色彩缤纷的花朵制作罐装花束，为她的玻璃花房增添了生机与光彩。

对谈**曼努埃拉·索萨**

1. 我们听说，您对花卉的热爱是受了您母亲的影响。您能给我们讲讲吗？

我对自然的热爱源于我的童年。我成长的环境就是个纯自然的环境，我爸爸在乌拉圭开牧场，我们一年四季都生活在田野上。除此以外，我还继承了妈妈对植物的热情与喜爱。我们会花上好几个小时待在花园里玩。周末我们去乡下的时候，她都会教我认花，教我怎么养花，还会给我讲如何观察植物的叶子、花茎、颜色、质感。

2. 您说过，您对"冈与乌尔"并没有什么商业计划。那您期望它未来往哪个方向发展呢？

从商业与盈利模式的角度来看的话，我确实没有什么计划。我是那种跟着感觉走的人，不爱理性分析。不过我们现在正策划在其他国家开设工作坊，包括中国啊，日本啊，还有葡萄牙。希望外国的朋友也能喜欢我们，乐意了解我们的理念。

我们也想感受一下各地的植物风情，我们会严格选用当地花材去绘制一幅植物地图。同时呢，我们的品牌"冈与乌尔"也准备开发自己的产品，推广自己的理念。我们会一步步寻找我们的合作伙伴，创造出个性的家具装潢饰品，致敬我们的大自然。

3. 对您来说，与花草为伴的生活中，您最享受哪一部分呢？

你必须要用心感受它们。一定要认真观察花朵，并把它们组合起来，以表达某种情感，这也是一件作品的精巧之处与灵魂所在。我不是个急功近利的人。我对这份工作怀抱满腔的热情，这就是我想传达的。我喜欢万物内在的一致性。我觉得不管在哪个领域，拥有富于创造力的眼光都是至关重要的，因此我在选拔员工的时候，最看重的就是他们的灵性。

> "
> 花朵是珍贵的宝物，是美的庆典。
> 我很幸运能与它们相伴。
> "

◀ 曼努埃拉为即将开班的工作坊做准备工作。

▲ 工作坊的学员进入花园，寻找花材。

▼ 粉色与白色烘托出了浪漫的氛围。

我是个工作狂，每天都工作好多个小时。天太热或者太冷的时候压力比较大，很难静下心干活。但是这种专业、努力、奉献、刻苦最后都会给你完美的结果作为回报。

4. 您是一名花艺家，但同时您也是工业设计师、美术指导、策展人。您怎么平衡自己的时间分配？

我热爱这些职业。如果让我重来一遍，我还会继续选择学习这些东西，只不过我会在上面花更多时间。做这些创造性工作，我最感激的是能看到我的项目一步步发展起来，成为一个有机的整体，充分发挥它们所有的潜能。

5. 您对花卉生意有什么看法吗？

鲜花现在就像西红柿一样——全年生长，到处都是。我们能以六月的价格在一月买到同样的花，这很不可思议。花卉市场有很多人参与，但种植者的角色却在消失。过度使用化学药品与化肥把花都养死了。这一行很复杂——人们每天都在挣扎，但整体效果却又非常奇妙。我意识到了这些，所以倡导人们建立一个真实的世界并珍惜花卉。

6. 您特别喜爱残缺美。对此，您能多谈谈吗？

我喜欢用写诗来唤起人们对花朵的情感。于我而言，自然最好地诠释了不完美中的完美。一切自然之物都有所瑕疵。因为我们活着，我们改变，我们迁移；水会流，雪会化，树叶会枯萎凋零。我们都是自然的一部分。

▲ 鼓励参与者设计自己的花束。
▼ ▶ 当地食物在场景中也起到了艺术装饰作用。

▲ ▶ 曼努埃拉用摄影作品进一步表达了她对花朵的热爱。

▼ 宜人的阳光照射在曼努埃拉的作品上。

"我很喜欢'一点一点建立自我'这种说法。
自然就是维持我身体运转的能量之源。"

室内花园

墙上的自然美

———

"投入工作。
大胆运用你的知识。
鼓舞他人。"

Hanna Wendelbo

汉娜·温德尔波

汉娜·温德尔波是专业的绘图师。有一次她偶然逛到一家壁纸店，店里的种种给了她许多设计灵感，就此开启了她的壁纸设计职业生涯。她的大部分作品都在描绘自然元素，比如花朵、小鸟，以及其他生物。在自己创业之前，汉娜是一名创意总监，为许多品牌开发了不少备受赞誉的项目。如今，她已经成为瑞典顶尖的壁纸设计师之一。

职业：壁纸设计师

地点：瑞典哥德堡

  汉娜·温德尔波打小时候就徜徉在自然世界之中，在父母的花园中寻宝，与祖父在他的花园中散步，听他讲大自然的故事。汉娜的母亲特别爱买布料，家里的橱柜中放满了精美的纺织品，汉娜很喜欢触摸、感受布料的质感；她的父亲经营着一家广告公司，总是给汉娜和她的姐妹带回很多漂亮的钢笔、纸张、颜料，鼓励她们画画，发挥自己的创造力。受祖父与父母的影响，汉娜从小到大都对自然与设计怀抱着巨大的热情。

  她职业生涯的转折纯属意外。一次偶然的机会，她邂逅了一家美丽的纺织品商店，店铺位于一家老旧的银行中，店中既卖墙纸也卖布匹。店中央有一个大厅，大厅屋顶是彩绘的玻璃窗，墙面装饰着深色木板。汉娜为之惊奇，一下就爱上了壁纸设计，决定留在这家店工作。汉娜激动地说："我到学校，兴奋地跟学生讲那些墙纸，告诉他们我有多爱这个工作。他们都觉得我疯了。但是这却让我更兴奋了！"

◄ 汉娜在花园中最能找到灵感。

▲ 瑞典气温较低，汉娜在温室中种植花朵与蔬菜。

▼ 大波斯菊是汉娜非常喜欢的花，在她的花园中随处可见。

拿到平面设计学位之后，汉娜在桑德伯格壁纸（Sandberg Wallpaper）工作了 9 年，然后又在博拉斯·塔佩特公司（Borås Tapeter）做了 5 年。凭借着她持久的创造力和无穷的创意想法，汉娜设计出了许多广受欢迎的图案。到后来，人们都称她是"壁纸女王"，她现在也是瑞典墙纸设计师中的领军人物。尽管她的国际声誉很高，汉娜工作上依旧小心翼翼，勤勤恳恳。"做壁纸设计，绝不能马虎。一个再小的错误都会被重复印刷，覆盖满整面墙，没法再修改。"壁纸的图案是重复出现的，因此图案必须在形状上和颜色上都互相协调。也许在布匹上还能稍稍隐藏一下重复效果不佳的图案，但墙纸上的图案如果出了错可是一眼就能看出来。这也是汉娜在日常工作中需要克服的巨大挑战。

汉娜曾到许多国家学习，办展。与外界的频繁交流给她带来了许多机会，能够体验不同的文化，发掘自己更大的潜能。

渐渐地，汉娜想要尝试新事物，并且放慢繁忙的脚步，多陪陪家人，因此在 2017 年她在瑞典创立了自己的壁纸品牌。瑞典是个很美的国家，有着史诗般壮丽的自然景观和大约 1000 万人的人口。汉娜的家坐落在西海岸，家庭成员包括了她和丈夫，三个孩子，一条狗，一只兔子。她大部分时间都在家工作，但有时候她也会跑到附近的群岛上放松一下。汉娜和她的丈夫都很喜欢园艺，他们建造了一座小花园，称之为"秘密王国"，工作之余会在园中小憩。她爱极了这个小园子，甚至开玩笑说："这是世界上唯一一个我愿意宣示主权的地方。"

◀ ▼ ▶ 花园中的花开放时间有先有后，但粉色和紫色始终是一年四季的主色调。

对谈汉娜·温德尔波

1. 花朵是您壁纸图案中的关键元素，您觉得它有什么特别之处呢？

我喜欢和花草打交道，因为它们每时每刻都在变化之中。它们或许看起来都差不多，但如果你仔细观察，它们每一朵都有自己的个性。而且还有一点很重要的是，它们不是永生的。因此我想画下来它们的样子，变为我作品的一部分。自然中的颜色总是能和谐交融在一起，这种美真的直击我的心灵。我以此作为参考，为我的室内设计产品制作赏心悦目的配色方案。

2. 除了插画和壁纸，您还做花环和曼陀罗式摆件。您怎么定义自己的风格呢？

我的风格还是很容易学的。如果我的作品能在某种程度上激励人们尝试自己制作一些花艺作品，或者拿起画笔学画水彩，我就很高兴了。我觉得我们都能在日常生活中培养自己的创造力。这给我带来了一种成就感。

3. 自然是您创作的来源，也贯穿了您作品的主题。能跟我们分享一下您与自然为伴的生活理念吗？

在瑞典，我们至少有"五"个季节。春天和夏天，光照充足，太阳永不落山。秋天和冬天，天色灰暗，天气冷到你无法想象。我住在西海岸，这里几乎从不下雪，没有白雪来照亮冗长沉闷的夜晚。有时候我们能有整整两周完全看不见太阳。在黑暗的季节，我总是努力创作尽可能多的作品。待在家里画画，幻想怎么布置我的花园，这令人非常愉快。到 3 月，太阳回来了，我就会在花园中忙碌起来。光对我来说意味着朝气与活力，太阳出来的时候，我一点也不想待在屋里把这一天浪费在睡眠上。我觉得与大自然相伴而生就是要与它亲密接触，享受阳光，日出而作，日落而息，拥抱季节的变换。

> "
> 自然中的颜色总是能和谐交融在一起，这种美真的直击我的心灵。
> "

汉娜喜欢用水彩和水粉来手绘壁纸设计。

4. 您好像非常喜爱威廉·莫里斯（William Morris），他对您的创作有什么启发吗？

当然！英国工艺美术运动期间的作品对我来说简直是灵感的源泉。我觉得手工制作重复的图案非常有趣。我也从约瑟夫·弗兰克（Josef Frank）那里得到了很多启发，他是一名奥地利和瑞典双国籍图案设计师，他的布料与壁纸手绘设计十分大胆，享有盛名。

5. 您期望观众能从您的作品中获得什么呢？

幸福感。设计墙纸的时候，我总是希望我这种天真而又神秘的风格给每个人的家庭带来温暖舒适的感觉。墙纸能长期贴着，比潮流更持久。启发他人去动手创造也是我的使命，他们也会因此感到快乐。我在网上分享视频也是想激发大家创作的兴趣，希望大家看到能有"看起来好简单啊，我也能自己做"的想法。

6. 您未来5年左右的发展方向是？

我 2017 年才开始创业，但是我对自己和自己的设计已经有了充分的了解。尽管我已经在这个行业工作了 18 年，但丝毫不觉得厌倦，这真的很棒。希望在未来几年，我仍能保持住这种劲头，因为我知道我对这个行业的好奇心仍在滋长。希望我永远不会觉得学到头了。

▲ ▼ 上图：先用铅笔勾出野草莓的轮廓；下图：上色，完成壁纸设计。

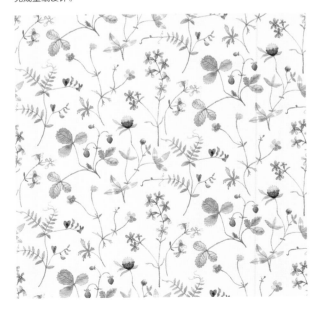

▲ 汉娜开始为新壁纸《嫁妆》（*Morgongåva*）系列画插图。
▼ 左下图：作品《薇拉》（*Vera*）；右下图：作品《八月》（*August*）。

▲ ▶ 花朵与自然给了汉娜无穷的启发。

▼ 墨蓝色调是汉娜的纸巾设计新灵感。

"我觉得与大自然相伴而生就是要与它亲密接触，
享受阳光，日出而作，日落而息，
拥抱季节的变换。"

无言之歌

荒遗之美

———

"在经常被忽视的事物之中
发现美，这大概是
指导我设计的唯一信条。"

Fiona Pickles

菲欧娜·皮克尔斯

"佛罗伦萨花卉设计"（Firenza Floral Design）的创始人菲欧娜·皮克尔斯被公认为英国顶尖的花艺设计师之一。她善于在最普通的细节中发现美，找到设计的灵感。她对季节极其着迷，收集自然中的一切可用之材，创作出自然朴素的作品。她的作品在国际上享有盛誉，被广泛地传播和出版。其作品特有一种野性的、未被驯服的美，因此辨识度很高。

职业：花艺设计师
地点：英国西约克郡

　　开一家花店是菲欧娜·皮尔克斯的梦想，但在创业之前，她曾在印刷行业工作，也因此练就了一双对色彩非常敏感的眼睛。她还花了 2 年时间在当地花店志愿当学徒，这两段经历赋予了她宝贵的才能和技巧，为她胜任现在的职位——花艺家和"佛罗伦萨花卉设计"的创始人——打下了基础。

　　"佛罗伦萨"专为婚礼和大型活动提供服务，致力于打造愉快的、特别的活动体验——过程包括从最初与客户见面，到用花卉装扮婚礼现场，到婚礼当天早上运送花束，再到婚礼后的场地清理，对租用的物品进行打包等。

　　菲欧娜的家与办公室坐落在哈利法克斯，可以俯瞰西约克郡的山区。约克郡的这个地区也叫勃朗特郡（Brontë Country），以曾居住在这里的作家勃朗特姐妹命名。"这是一种乡土的、粗犷的美。隐秘的山丘，阴森的石头，陡峭的崖壁，崎岖的岩层，所有的景象都很'呼啸山庄'！我觉得我的设计就很符合这个地区的风格。我不爱创作'漂亮的'或者'完美的'作品。我的作品都很粗犷，没有形制，狂野不羁。"菲欧娜说。她喜欢用一年四季都不太常见的色彩来设计方案，常选用棕色，给作品增加一层"脏暗"或"萧索"的感觉。精妙的配色是她作品的独特所在。她从一朵花中选取某一小块颜色，并在另一朵花中与之呼应，以此类推搭配整个花束，再精心挑选一个容器给整

◄ 菲欧娜正在做某个室外项目。
▲ ▼ 形态各异的花朵是菲欧娜家中随处可见的装饰。

个设计收尾。《服饰与美容》（*Vogue*）与《每日电讯报》（*The Telegraph*）将菲欧娜列为英国前二十名创意花艺师之一，她为此殊荣感到受宠若惊。"能被两家影响力这么大的出版物认可简直太不可思议了，"她说，"现在听起来还像做梦一样！"

菲欧娜对园艺抱有强烈的热情，很乐于将种花的爱好与设计结合起来。她特别喜欢芳香花卉和草本植物。为了满足对花材的巨大需求，她开始自己种植郁金香、玫瑰、大丽花，还有一些一年生草本植物。在花园中游逛，摘取任何一朵她看中的小花，就像从天上摘一颗小星星那样，用它创作、设计出与众不同的作品——这对她来说就是自由。

菲欧娜悠闲自在的风格总能吸引到观众。其他花艺师经常让她开课，讲讲如何在润色他们的作品的同时又能保持作品的独特性。每年她只开设几个班级和工作坊，讲课时她常会以自己的作品为例，比如她做的大瓮、她的艺术装置等。她还在家里提供"一对一"辅导，对于那些渴望搞自然艺术的人来说，这是个绝佳的机会。这也是她个人最喜欢的课程，能给他人提供个性化的花艺设计体验。

除了花朵，菲欧娜的三条救援犬：奥斯卡、鲁比、弗洛，也占据着她生活中很重要的一部分。它们时不时还会出现在她发布在网上的照片中。她工作时，小狗们会在她扔掉的玫瑰花茎或者树枝中间跑跑跳跳。奥斯卡尤其淘气，菲欧娜说，它最喜欢叼着它的玩具扔到花篮里，全然不管里面有什么。有时候小狗们还能与她的作品融为一体，因为三只狗的毛色都很深——两只惠比特犬，毛色深灰，阳光下会闪出蓝色的光芒，而奥斯卡毛色偏棕。菲欧娜每天定时遛狗，这正好便于她日日观赏室外的景色，不断启发她想出新创意，拥抱大自然赋予她的无穷无尽的创造力。

◀ 木桌子和烛台给她的家增添了一抹乡村气息。
▲ ▼ 菲欧娜喜欢用各种陶瓷器皿搭配鲜花，有简单的手工花瓶，也有朴素的大瓦罐。

对谈菲欧娜·皮克尔斯

1. "佛罗伦萨花卉"是根据您的祖母佛罗伦斯（Florence）命名的。您能细谈一下原因吗？

给品牌命名这件事我纠结了很久。我琢磨着各种选择，但是我心里一直想起一个比较私人化的名字，那还有什么比用家人的名字命名更合适的呢？我当时其实还有几个选择，我的外婆叫佛罗伦斯（Florence），大家都叫她佛罗（Flo），我的奶奶叫奥利芙（Olive），我的婚前姓叫王尔德（Wilde），这些都挺合适的！但我最终还是决定叫佛罗伦萨（Firenza），稍微改了一点，是"Florence"意大利语的拼写。我知道听起来有点奇怪，但我就是喜欢"Z"这个字母。自 2005 年创立起，公司的业务几经变动，现在的工作差不多算是花卉艺术了。再者就是佛罗伦萨这座城市本身也与艺术密切相关，所以这个名字很合适，我很喜欢！

2. 您的作品走自然闲适风，您是怎么形成这个风格的呢？

我刚刚创业的时候，用的是花园里自己种的花材，这在当时闻所未闻，我担心别人会觉得"这工作室太穷了"或者"一点也不专业"。所以我搁下了那个业务，开始做传统的婚庆花艺。尽管我也很喜欢给婚礼现场做花艺设计，但是那和我自己的自然风是完全不相符的。我虽然不后悔，但我的确希望当初坚守了初心，没有改变。如果要我给想创业的人一个建议的话，我会说：不要考虑其他人怎么想，听从自己内心的呼唤。我觉得现在我已经回到初心所向，如此才能完全享受创作的自由。

> 66
>
> 我觉得现在我已经回到初心所向，如此才能完全享受创作的自由。
>
> 99

◄ 菲欧娜在园中挑选花朵。

▲ ▼ 菲欧娜在她的工作室中选种、剪枝、插花。有时候她也在此讲课。

3. 您的作品随季节而变。您能详细谈谈原因吗?

万物生长皆有其因。林中空地生长的小花赶在早春开放,是因为大树长出华盖般茂密的叶子后就会挡住阳光。果树开花较早,是为了给果实留出充分的时间发育生长。秋天树叶变红变黄然后凋零,是为了给树木过冬做好准备。为什么我们不利用起自然的美,选用藜芦、勿忘我、贝母、春天的郁金香,还有秋天朴素的锈色花朵与红叶来进行创作呢?

4. 您是倡议使用英国本土花卉的领军人物。您对本土花卉的热情源于哪里呢?

早在 2013 年我就已经开始大量使用英国花卉,当时我遇到了很多优秀的花农,他们种植了大量迷人有趣、不同寻常的花朵。看到现在它们更加受欢迎了,我真的很欣慰。本地生长的花朵很有看头,它们有生命,有个性,用它们能创作出最美的艺术品。它们能将你的设计升华为一个奇迹。选用英国本土花卉与从荷兰高效生产的大花市买花完全不同,这需要你换一种方式思考。但是为了美,我会一直坚持下去的。

5. 您非常热衷于捕捉生活中的美。您能跟我们分享一下您的审美观吗?

在经常被忽视的事物之中发现美,这大概是指导我设计的唯一信条:如一棵即将凋谢的绣球花头状序,瓣与朵枯瘦,散发出强烈的美感;扭曲的茉莉花茎四处蔓延,绘出不可思议的图案;一根裹满了青苔的小树枝展现出别样的风情;蕨类植物闪烁着珊瑚与琥珀的棕色光彩。如果你把我丢进一座生机烂漫的花园中,我会放弃一切,专门发掘那些被忽视的低调花草。它们就是无声的英雄!

▲ 剪过的花枝散落在桌面上。
▼ 放在陶器中待用的玫瑰。
➤ 各种陶器给菲欧娜的工作室带来了独特的感觉。

▲ ▼ ➤ 菲欧娜最擅长设计制作大型室外项目，尤其是婚庆布置。她选用应季鲜花搭配在一起，突出它们自然的美感。

"我的作品完全是根据当地环境和季节设计出来的，
它们代表了我，还有我内心深处的爱。"

微植篇

「生物传递信息的方式有很多种。要想与它们交流，我们就得学会沉默，学会倾听。」

——费姆·古卢图尔克

微植篇

幻想工厂

仙人掌王国

———

"要永远忠于自我，忠于自己的初心。
我们追求自己的梦想，在实现梦想的过程中
也获得了许多快乐。一定要找到一个目标，
全神贯注，坚持下去。"

Maja, Cille and Gro

马娅、希乐、格萝

在哥本哈根喧闹的那莱布罗区（Nørrebro），熙熙攘攘的雅格斯伯格德大道
（Jægersborggade）上坐落着一处小店——"哥本哈根仙人掌"（Kaktus København）。
这是一间概念商店，由马娅、希乐、格萝三个女孩经营。店内摆满了北欧风的仙
人掌与多肉植物盆栽，它们给植物行业带来了不少生机与活力。

职业："哥本哈根仙人掌"的店主
地点：丹麦哥本哈根

▲ 哥本哈根那莱布罗区雅格斯伯格德大道 35 号，"哥本哈根仙人掌"店面的前门。

　　马娅、格萝姐妹与她们最好的朋友希乐一同在乡下长大，从小就和仙人掌结下了不解之缘。她们一起上园艺课，她们的父母还在房子周围养了不少多肉植物盆栽。有时候她们还会半夜被父母叫醒去看仙人掌开花，因为在白天是很难见到的。她们觉得这些小刺球性格内敛，简直是大自然的艺术品，出于对它们的着迷与喜爱，2015 年，马娅、希乐、格萝三人一同开了"哥本哈根仙人掌"（后简称"仙人掌"）植物店。

　　"仙人掌"店面很小，极简风格装修，用色浅淡柔和又不失个性，彰显了店主雅致的审美与独特的品位。与其他传统植物店不同，"仙人掌"专卖丹麦土生土长的仙人掌，品种达 150 多样，还卖一些用植物设计的产品。为了能用多肉植物与陶器打造原创艺术，这三位姑娘还与国内外陶瓷设计师合作出品。

　　雅格斯伯格德大道沿街有许多特别的商店，有卖焦糖的，有卖氮气冷冻冰激凌的，还有城中最好的咖啡店、几家画廊、有机烘焙坊、菌类农场、文身店、素食汉堡店，等等。有如此多家创意商店当邻居，马娅、希乐和格萝也受到了不少启发，经常开发实验项目，寻求合作。如此一

▲ 店内景象。

▼ 左下图：印有店铺标志的大手袋；右下图：店铺的亮点是卡娅·斯基特（Kaja Skytte）做的悬挂式植物球。

来，她们发明了食用仙人掌果酱和果汁，全都用新鲜仙人掌制成。果酱中她们还加入了北欧传统的食材——沙棘——用其酸味挑逗食客的味蕾。除了用仙人掌研发新食谱，她们还经常举办各种仙人掌主题艺术活动，比如绘画或版画工作坊。

马娅、格萝和希乐这个组合听起来可能很奇怪——从专业上看，马娅学的是室内设计，格萝学的是社会学，希乐学的是城市规划。但是她们一起努力，给植物行业带来新的血液。尽管她们专业不同，但她们都能在"仙人掌"各司其职，而且她们心心相系，心意相通。"有时候我们谁想到了新创意，就迫不及待地想告诉其他人，结果却发现我们三个想的一样。我们都很有创造力，经营方式也都是直来直去，非常坦诚。"她们三个都喜欢追求有生趣有生机的东西。"有时候我们可能得凌晨四点钟就起床，在雨中装车装几个小时，真的很累。但我们一抬头，发现我们每个人都有两个最好的朋友并肩作战！于是我们就会一起齐心协力，开心地干完活。"她们笑着说。对于她们而言，在这个城市经营一家商店每天都要面临新挑战。其中，她们觉得最大的困难就是说服身边的人她们有能力开一家只卖多肉植物的店，不管这听起来有多不靠谱。"我们最大的挑战最终成为我们做过的最好的决定。"她们说。

◀ 北欧的审美影响着商店的陈设风格。
▲ 好友塞希乐·克拉瓦克（Cecilie Krawack）在店中帮忙。《格萝杂志》摄
▼ "仙人掌"店中陈列的仙人掌。《格萝杂志》摄

对谈马娅、希乐、格萝

1. 很多人认为"仙人掌"非常适合北欧极简风格。你们怎么看呢?

我们开这家仙人掌概念商店最主要的目的就是告诉人们,大家都以为是旱地植物的仙人掌也可以融入北欧的生活方式中来。北欧生活以简约出名,我们认为这与仙人掌的脾性完美切合。我们喜欢把仙人掌当作绿色的雕塑。与绿叶植物相比,仙人掌生长得非常缓慢,你也可以把它们当作家里的小摆件。

2. 你们通常会去哪里找植物或者陶器呢?

我们不会去大型植物市场。相反,我们会和丹麦当地的仙人掌花农合作,他们都在当地有温室。我们必须得知道这些仙人掌是哪产的。我们有次在一家温室见到一棵58岁的仙人掌,你没法想象我们当时有多激动。我们在那里了解到了它的历史,并把这棵仙人掌搬回了店里。仙人掌的寿命可以很长,所以它们一定经历过许多很棒的故事。花盆是我们从当地陶瓷店里买的,全都是手工制作。把一株形态优美的仙人掌栽进一口手工陶盆,这就是件小小的艺术品了。这也是我们诠释自然、表现自然的方式。

3. 哥本哈根是你们的家乡,也是你们的店名,你们的灵感就是来自这座城市。能具体谈谈吗?

是的,"哥本哈根仙人掌"就是以我们所在的城市命名的。商店的美学和视觉设计灵感都来自这座城市以及这里的居民。我们热爱那莱布罗街区,这里独特的小商品生意和悠闲自在的氛围非常出名。我们店也是个人们闲逛的去处,来看看仙人掌,喝喝咖啡都可以。我们设计店面时用的都是很普通轻便的北欧材料。因此对我们来说,将哥本哈根的美学理念融入我们的店铺非常重要。

> **"**
> 不能否认,哥本哈根是我们品牌灵魂的一部分;我们爱这座城市,也爱它的氛围。
> **"**

◀ 大戟属仙人掌。

▲ 店铺的夏季户外展，位于哥本哈根市中心托维尔尼（Torvehallrne）。

▼ 木架子上摆着各种仙人掌盆栽。

4. 在植物设计方面，你们都没有受过正式训练，这会影响到你们的工作吗？

我们认为没有植物学教育背景也是一种优势。我们不是园丁也不是植物学专家。我们曾经在传统花店实习过 3 天，并不是说这次经验完全没用，但 3 天实习结束之后，有人叫我们做点传统情人节花卉装饰的时候，我们却离开商店，直奔附近的森林寻找材料。打破常规使我们能够为整个植物行业带来更多好玩的新点子。如果人们能在情人节送对方一盆永不凋谢的仙人掌，那还有何必要送红玫瑰呢？

5. 你们未来有什么计划吗？

我们的仙人掌商店一步一个脚印，到现在已经开了 3 年了，这让我们很欣慰。我们的使命就是不断完善店铺，扩张仙人掌王国现在已有的版图。我们的店现在已经成了一家"奇店"——如果你想找某种很稀有的仙人掌或者多肉植物品种，来找我们就对了。现今在超市就能买到很便宜的仙人掌，但你买不到稀有的品种或者罕见的植株，比如一棵60岁的仙人掌。所以我们努力想呈现最特别的仙人掌作品，精选每一棵植株，只卖最好的仙人掌。在未来，我们想继续向顶尖仙人掌商店进发，让更多人爱上植物，把植物带回家。

6. 能给我们分享一些养仙人掌的小窍门吗？

仙人掌喜光。最好把它们摆在窗台上或者光照充足的房间。但过度浇水是仙人掌的大敌。必须让土完全干透了再浇水。这里有个小窍门，每次浇水前把一根小木棍或者一根铅笔插进土里，拔出来。如果木棍上的土看起来还有点湿，那就过一周再浇水吧。

▲ ▼ 上图：美丽莲；下图：大戟属仙人掌。
▶ 展板上的仙人掌。

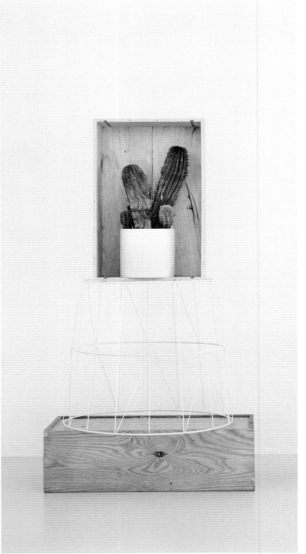

▲ "仙人掌"里还有创意陶瓷，这里展示了厚叶草属京美人与大戟属仙人掌两个作品。

▶ 红彩云阁、赤凤、银盾的合影。

"我们都热爱仙人掌，我们喜欢亲自动手，
享受用植物创作的乐趣。"

都市丛林

绿植馨香

———

"自然是爱的附属，与仇恨无关。
我们想通过我们所做的事情来传递爱，
让人们看到每天围绕我们
变换的魔幻世界。"

安东尼奥·约塔与卡罗尔·诺布莱嘉

"弗洛植物工作室"（FLO Atelier Botânico，后简称"弗洛"），让大自然走进百姓日常生活。安东尼奥与卡罗尔在店内摆满各种微型植物、外来植株、奇形怪状的可爱景观瓶、漂亮的花瓶与陶器，这些都给弗洛注入了迷人的设计感与野生气息。弗洛还有一个名字叫"Oasis Urbano"，翻译过来就是"都市森林"的意思。好奇的人们特地前来参观，欣赏美丽至极的自然作品。这里不仅展示植物世界，还举办活动，开设工作坊。

职业：店主
地点：巴西圣保罗

　　"弗洛植物工作室"是安东尼奥·约塔与卡罗尔·诺布莱嘉一起开的植物商店，店址位于巴西圣保罗。店名"弗洛"（FLO）取自电影《致恋人》（*For Lovers Only*）的首字母，因为安东尼奥与卡罗尔二人都有着浪漫而狂野的灵魂，他们认为这家店也是设计与自然二者爱的结合。创立这样一家植物店的想法最初源于他们的巴黎之旅。巴黎的各色花卉有种神秘动人的美，安东尼奥与卡罗尔非常为之着迷。他们受到这些创意花店的启发，决定自己也开一家。

　　这家店看起来就像一间温室，墙壁雪白，地板冷灰，半截玻璃的屋顶透光充足。钢制框架在半空中绘制出几何线条，植物随意地挂置其中，点亮了简约的室内空间。店内景象恰是自然野性与现代设计的和谐交融。购物袋上写着"弗洛"的标语"A Natureza Dentro de Casa"，翻译过来就是"家中有自然"。这也是"弗洛"努力想传达的精神。该店在当地非常火，2017年9月，安东尼奥与卡罗尔在两个街区之外的地方又开了一家分店。

　　安东尼奥与卡罗尔认为，要与自然沟通，远远不止在客厅养一盆花那么简单，因此除了多肉植物盆栽，他们还开发了其他产品，例如蜡烛、瓦罐，还在店里提供香薰按摩服务。他们觉得，人们一定要在喧嚣的生活中找到内心的宁静，而大自然就能帮我们做到这一点。"打个比方，点燃一支薰衣草和洋甘菊精油制成的香薰蜡烛，就能完美打造一种平静安宁的氛围，呵护我们的健康。"

◄ 2016 年，安东尼奥与卡罗尔准备春季装置展，店铺陈设清新自然。
届时他们会邀请朋友和参观者莅临观赏，感受五彩斑斓的自然力量。

▲ "弗洛"的处女装置展掠影。展览初衷是带人们回归自然。

两人的经营方式并不墨守成规。尽管他们热爱这份工作，但的确有不少困难要解决。他们很难时时刻刻都将店里的一切打理得井井有条。有时候他们还会开玩笑说，他们的生活跟厨师的日常差不多，都得跟枯枝烂叶打交道。每件事都得当天按计划完成，否则整个运营就进行不下去。

　　工作之外，安东尼奥、卡罗尔还有他们的狗弗里达（Frida）住在一起，组建了一个快乐的家庭。他们喜欢旅行，体验新环境，开阔视野。他们三个在家中各司其职：安东尼奥信仰文艺复兴的精神，认为人的潜能是无穷的，卡罗尔是"弗洛"的灵魂人物，而弗里达则是"灵感缪斯"。"尽管我们的审美观、专业、个性都不尽相同，但只要我们一起努力，就能找到每个项目的最佳解决方案。因为在自然世界中，多样性才是最重要的。"

　　关于将来，两人说道："我们希望能把'弗洛'开到外国去，与新群体分享我们对植物的热爱！我们不仅会推出以植物为主的设计产品，还会开发其他表现自然魅力的设计。现在还没有具体的计划，但是我们会接纳一切新的可能。"

▲ 左图：微型沙漠花园；右图：安东尼奥与卡罗尔设计的种在回收小木盒里的多肉植物。
◀ ▼ 安东尼奥与卡罗尔对仙人掌的喜爱众所周知。他们选出最喜欢的品种搭配晶石，种在陶盆和玻璃器皿之中。

对谈**安东尼奥·约塔与卡罗尔·诺布莱嘉**

1. 您店中的很多植株都不是种在传统的花盆中，而是种在玻璃器里。为什么呢？

　　尽管我们也卖传统花盆，但我们起家和发展业务阶段都是在做玻璃景观瓶。维多利亚时期，人们开始喜欢用容器把植物带进屋里养，我们对此非常感兴趣，于是多做了些研究。事实上，大多数人并没有很长时间能待在家，因此他们没法天天照料自己的植物。这样一来，玻璃景观瓶就是更方便的选择，它们基本上就是个微型花园，即便是住在小公寓里的人也能养一个。我们相信每个人都能离自然更近一点，时间和空间的限制不该再是问题了。

2. 你们创作时有过灵感枯竭的情况吗？你们是如何给创造力保鲜的呢？

　　哦，这个问题很好！是的，这种情况的确遇到过，尤其是业务增多的时候，你得处理好多事情。当我们发现自己已经开始例行公事，失去了大脑活力之后，我们就决定每年定期创作两个主题的植物装置，激励我们做出新设计、新产品。我们计划这个时特别兴奋！除此之外，我们是植物迷，还爱旅行。我们最爱去的就是植物园、自然历史博物馆、育苗园之类的地方，甚至我们还会呆呆地欣赏别人家的花园。

3. "弗洛"承办各种主题的论坛，你们最常讨论的话题是什么？你们想通过这些论坛向公众传达什么精神？

　　我们开工作坊，让人们有机会来跟我们学学如何制作景观瓶、苔球等其他创意植物作品。很多人养花总是养死，他们很难过，担心自己养不好。为此我们还会偶尔办一些讲座，揭开植物生长的神秘面纱。最终目的都是为了让人们多多亲近自然。

> 研究你自己的作品是很重要的——我们就这样做了，而且一直在做，但同时也一直在革新。

◀ 这个漂亮的木框是丹麦品牌莫比（Moebe）的产品，用来展示植物标本正合适。

▲ 安东尼奥和卡罗尔特别喜欢形态怪异的植物。
这件鹅掌柴盆景让他们惊叹无比，他们最终买下了它作私人收藏。

▼ 卡罗尔在给空气凤梨摆造型。因为其外形非常奇特，他们偶尔会叫这种空凤"外星人"。

4. 卡罗尔，您提到过20世纪20年代的艺术与审美曾经给了您许多启发。能具体谈谈您喜欢那个时代的哪些方面吗？

我喜欢老式的植物插图，也收藏了好多这样的画册。我喜欢画师们对自然的忠诚，将所有质感、动态的细节都描绘其中。我也把这种手法应用到了自己的设计当中。相比于僵化古板的排列组合，我更喜欢优先考虑茎干的自然屈伸，力求表现出植物的独特之美。比这更早的维多利亚时期也给了我很大启发。他们把室外的植物移到室内，开始爱上神奇的植物世界。你要知道这时候，很多植物对于欧洲人来说还是新奇玩意儿，因为它们是第一次从"新大陆"引进的舶来品。

5. 能讲讲你们在圣保罗的日常生活吗？

和其他大城市一样，圣保罗的生活节奏也会很紧张。我们工作的场面一片混乱，但我们的生活很平静。我们家离工作的地方很近，周围绿化环境也很好，所以很少会堵车或者因为堵车抱怨。我们最喜欢这座城市的地方就是，这里总有新鲜事发生，还有很多有创造力的人在不断发声。

▲ 景观瓶工作坊的学生拿起植株，开始动手创作。

▼ 即将移入新盆的仙人掌。

▶ 安东尼奥和卡罗尔将空凤和海藻球放进实验用玻璃器皿中，重新改造了这款老式陈列柜。

▲ 安东尼奥与卡罗尔近几年设计的景观瓶组合。背景贴的是他们为布朗库（Branco）设计的植物墙纸之一。

▼ 近些观察，欣赏景观瓶中多彩的植物。

➤ 这盆多肉植物的绿色叶缘变成了令人惊艳的紫红色。

　　"我们的愿望就是激励顾客亲近自然，
回到自然的怀抱。传播我们的精神，见证人们的改变，
　　　让我们非常有成就感。"

玻璃景观瓶的世界

微型植物王国

———

"我热爱植物生长过程中出现的
接连不断的惊喜，
我爱它们无限的可能性。"

诺姆·莱维

巴黎作为法国的文化中心，向我们展示了不少优美的法式花园。诺姆·莱维和他的微型植物乐园"绿色工厂"（Green Factory）就坐落在此。"绿色工厂"致力打造漂亮的玻璃景观瓶，瓶中生态系统可以自给自足，每年只需要浇一两百毫升的水。这些植物几乎不需要养护就能自己生长，对于那些想养点绿植但时间或经费又有限的人来说，它是个完美的选择。

职业："绿色工厂"的创始人
地点：法国巴黎

　　诺姆·莱维从小就热爱园艺。在他还是个小男孩的时候，他就喜欢玩土，喜欢收集剪枝、测试各种土壤和不同植物品种的区别，喜欢等待种子发芽。由于一直对植物收集有着狂热的喜爱，诺姆的梦想就是开一家自己的植物店。30 来岁的时候，他终于决定创业，开了"绿色工厂"。他发现榕属植物和蕨类植物能清洁空气中的污染物，因此他开始把目标放在植物设计造型上，便于给它们打造出宜人的生活环境。通过多年的试验和寻找，他终于找到了最适合在完全潮湿环境中生长的植物，这也成为他景观生态瓶中的一大特色。"绿色工厂"是诺姆实现梦想的地方。回想他植物工作中最难忘的瞬间，他说："我爱植物生长过程中出现的接连不断的惊喜，我爱它们无限的可能性。"

◄ "绿色工厂"的正门。

▲ 诺姆和安娜正在找寻新灵感。

▼ 货架上展示了不同主题的景观生态瓶。

诺姆的景观瓶象征着森林和草原，看上去赏心悦目。他做的每个景观生态瓶中都有大约15种不同的植物。他的大部分微型作品更适宜潮湿的环境中生长。每个玻璃瓶底部都有一层由小块火山石铺成的排水层，类似地下水。植物将根系扎进岩层中汲取水源，其叶片蒸发的水又顺着玻璃瓶壁滴回土中。火山石上面是几层更细的石砾与沙子，促进排水，再上面是沉积层和土层。诺姆对这三层混合土进行优化，尽量同时满足微植和盆景树的生长需求。

　　诺姆的景观瓶就像一个个主题各异的迷你绿色小世界，各有特色但又连贯和谐。在创立"绿色工厂"之前，诺姆在以色列学了一年播种与栽培技术，学习如何在贫瘠干旱的土壤环境中灌溉。他也旅行过很多国家，包括印度、澳大利亚、泰国、巴西等。所有的这些旅程成就了现在的他。"我从这些旅途中得到最多的就是启迪。美妙绝伦的风景，形态各异的树木，还有许多奇遇，都给了我灵感和启发。我的工作就是创造一个小世界，所以游历大千世界对我来说很有帮助。"

　　诺姆从无数次失败中吸取教训，列表记下了自己制作景观瓶的经验。例如，留意植株的大小，做好过几年它们会长大的准备；植株会与苔藓相互竞争，或者疯狂生长，占据大片空间，一个玻璃瓶根本放不下；生长习性不一样的植物也不能养在同一个瓶中。作为一名植物设计师，诺姆不光设计植物景观，他还搞研究，教授人们如何用植物改善城市生活。这也是"绿色工厂"的一个主要目标。

◄ ▲ ▼ 诺姆和安娜正在制作一个新的生态瓶，严格遵守着放小石子、沙子、植物、土的步骤顺序。

对谈诺姆·莱维

1. 您的微植作品是可以自给自足的。这真让人难以置信！您是怎么想出这个点子的？

　　这个概念早在19世纪30年代初就出现了。英国的植物学家纳撒尼尔·沃德（Nathaniel Ward）发现，一个密封的生态瓶是可以自给自足，生长下去的。当时，大多数生态瓶都是由蕨类植物或矮棕榈树组成的。它们最开始在维多利亚时期流行起来，后来在20世纪60年代风靡整个西方。2013年，我试着复兴这个奇妙的创意，你可以看见，我想到了加入绿叶树和苔藓来搭配，而今这两样已经是微型造景不可或缺的一部分了。现在，我还在探索新可能。我们自然中的光合作用和水循环，二者保证了这些景观瓶的生态运转。景观生态瓶和地球是一样的，因此植物能在其中生生不息地繁衍。

2. 您觉得售卖手工作品的优势在哪？您面临着什么样的挑战？

　　现今大部分商品都是批量生产的，一个个都很雷同。而我把每个作品都当成是独一无二的景观。它就像一个需要精心照料的小花园。最大的挑战就是预算问题，尤其是在这种生活成本很高的大城市。还有个大问题就是跟客户解释手工艺品价格为什么这么高，让他们了解作品背后的原创工作。大部分顾客都能理解这一点，我们也在努力在大众能接受的价格范围内提供最优质的原创作品。

3. 有人称您的店为巴黎"深藏的秘密"。您对此怎么看的呢？

　　这都是从2014年初春开始的，当时我租了一个闲置的店面，在那里订货、实验新项目。后来店中意外迎来了几位访客，他们是附近的居民，有些人好奇地从窗户往里看，有的还会进来问问我，对我在做的迷你世界表现出了很大的兴趣。也就是这一瞬间，我决定将这个地方改建成

> 66
>
> 我最爱的就是实验。我只负责尝试，之后就是等待，等待它茁壮生长或枯萎凋零。
>
> 99

◀ "绿色工厂"产品细节图。
▲ ▼ "绿色工厂"中日常植物养护的场景。每一棵植物都得到了精心的照料。

一家景观瓶商店。我的搭档安娜（Anna）也加入了这场冒险，"绿色工厂"不再是我一个人的工作了。最初几个月，我们把植物作品摆在店铺中央的一个大桌子上和两边的架子上。我每隔一天就会带来新的玻璃器皿，实验做新的生态瓶。我们创作的越多，就有越多好奇的顾客走进来，店铺发展也初具规模。现在，"绿色工厂"已经成为一家有 25 名员工的公司，能有如此成就，我每天都很自豪。

4. 对于"绿色工厂"未来五年左右的发展，您有什么计划吗？

我认为我们还会继续扩大业务。如果两年前你告诉我，我们能在全欧洲知名的商场售卖我们的景观瓶，我是绝对不会相信的！而今，伦敦的康兰商场（The Conran Shop）、塞尔弗里奇百货（Selfridges）、巴黎的乐蓬马歇百货（Le Bon Marché）、柏林的卡迪威（Kadewe）、甚至远在香港的商店，等等，都有我们的产品出售。

5. 您对新手有什么建议吗？

我会建议他们选择适合自己地域生长的植物，并结合他们可用于打理植物的时间，综合考虑。我听有人说："仙人掌我肯定养不死。"但他们还是给仙人掌浇了太多水，没有给它们充足的光照，或者选用的花盆排水不行。养一盆植物并不是很难，但最好一开始就要想好把它们摆放在哪，植物对干湿度的需求也要考虑进去。就算你特别特别忙，你也要抽一分钟给它浇点水、剪剪枝、清理一下叶子。

▲ 等待移盆的冷水花。
▼ ▶ 长满微型植物的玻璃容器是"绿色工厂"的主要装饰品。

▲ ▼ ➤ 一罐罐植物作品。

"我最大的成就就是成功让生活疯狂忙碌的巴黎人踏进了
我的商店，尽管我并没想卖给他们什么。"

波希米亚宝石

植物收集家

———

"家养植物可以净化空气，
水晶可以装点室内空间，给家里
带来能量。我喜欢住在一间放满
心爱之物的房子里。"

Jennifer Tao

詹妮弗·陶

詹妮弗·陶在加利福尼亚长大，从小就喜欢大自然，她总能从身边的一草一木中
找到灵感，多肉植物就是她天生的另一半。詹妮弗开了一家网店，出售自制的多
肉植物作品和精致的手工装饰品，向全世界的人们分享自己对植物的喜爱，也因
此积累了人气。

———

职业：多肉植物爱好者
地点：美国加利福尼亚卡马里奥

　　近几年的记录中有数据表明，加利福尼亚经历了一次几乎是有史以来最严重的干旱。为了保护水资源，政府鼓励当地居民减少用水，种植更加耐旱的植物，改善城市景观。在这种热潮驱使下，詹妮弗开始学习种植多肉植物。多肉植物只要一片叶子就能生根，只要一点点水就能长大，她被这种神奇的物种深深震撼了，于是开始从当地各家商店与大型批发种植园收集多肉植物，甚至还有朋友专门送她。她在门前的院子里建了一座小花园，用自己的双手给它注满了爱和快乐。

　　加州太平洋沿岸的气候和其他地理条件很适合多肉植物生长，所以詹妮弗在她的花园中种了各种各样的多肉植物，完全不用担心它们是否会晒伤或者冻坏。"我总是说，这个地方偏心地给了我太多优势，我根本就不用太费心打理，它们就能自己长得很茂盛。"

　　除了种植多肉植物，詹妮弗还制作了不少多肉植物创意作品，比如她那件漂亮的捕梦网，上面装饰的都是真实的多肉植株，多亏了她的妙思巧手和精心照料，它们都长得很好。詹妮弗回忆到，最开始她还担心，把自己的爱好变成职业会不会是个错误的决定，因为她不想让工作的压力消磨掉自己对植物的爱。幸运的是，有了她朋友丽贝卡·史蒂文斯（Rebecca Stevens）的帮助，她毫不犹豫地行动了起来，开始在她们的网店"绿植之光"（Botanical Bright）销售多肉植物产品。"能

◀ 詹妮弗将肉叶插移栽进育苗室，繁殖新植株。

▲ 詹妮弗的多肉植物花园局部：五彩斑斓的多肉植物和大块垫脚石。

▼ 左下图：詹妮弗花园特写；右下图：一丛美丽的莲花掌。

将满怀爱意的作品分享给这么多人，实在是太棒了。"詹妮弗说。

　　詹妮弗爱好复古波希米亚风格，她的房子装饰有许多精致的饰品，比如水晶石、流苏花边、蜡烛，等等。由于装修时并没有什么特定的风格，因此房间整体看起来非常多彩明亮，不拘一格，协调自然。这里安静平和，成了詹妮弗孕育灵感的地方。"家养植物可以净化空气，水晶可以装点室内空间，给家里带来能量。我喜欢住在一间放满心爱之物的房子里。"詹妮弗说。

　　詹妮弗一般早上工作，下午她会接儿子乔希（Josh）放学，与他一起到户外玩耍。他们都喜欢去海边放松。"海滩的景色总能让我保持正能量。当你站在岸边远眺美丽无垠的大海时，你很难生气或难过。站在气势磅礴的大海面前，我觉得自己很渺小。"詹妮弗说。因此，每当她遇到困难，她都会告诫自己要沉着冷静，保持乐观。小乔希受到詹妮弗的影响，也很喜欢种植，每次看到植物长大了就特别骄傲。他总是缠着詹妮弗给他买新的植物，尽管家里已经快没什么地方养了。大多数时候，他们都在播种、除草，或者就是简简单单在院子里享受午后的闲暇时光。

▲ 左上图：一捧叶插繁殖的小多肉植物；右上图：将多肉植物种进迈克·派尔（Mike Pyle）手工制作的木盒中。

▼ 詹妮弗的门廊郁郁葱葱摆放了好多盆栽，除了多肉植物还有各种绿植。

1. 您数过自己一共种了多少植物吗？

我也不知道我养了多少植物——可能有几千棵吧！我的花园里种的植物有超过两百个不同的品种。我绝不会放过任何一个机会去买到我们家没有的品种。在多肉植物上，我可谓是一点抵抗力都没有。有的是我最喜欢的拟石莲属多肉植物，它们一下就能抓住我的眼球；有的是在我心中有着特别的地位，因为乔希喜欢。他最爱的多肉植物是生石花，"婴趾"（又名"棒叶花"）和"熊爪"（又名"熊童子"）。这些年来，我已经学会欣赏外面种的每一个品种。多肉植物的品类繁多，形状、颜色、质地各不相同，多种多样供你选择！

> 66
>
> 只要你尊重自然，欣赏自然，自然总能给你一个理由微笑。
>
> 99

2. 打理花园一定有很多活要干吧？你遇到什么困难了吗？

我居住的地方土质偏粘，并不是很适合多肉植物生长。它们更喜欢质轻、透气好的土。所以为保证它们能生长良好，种植之前一定要先改良土壤。我先移走了一些黏质土，又加入了预先拌好的仙人掌土和一些浮石。这样一来，土壤就能迅速排干，便于植物更快地生根，顺利地长大。

3. 您的作品很有创意，比如那个多肉植物贝壳和多肉植物捕梦网。您是怎么想到这些主意的呢？

比起把肉叶随便扔进土里等它自己生长，我更喜欢将它们排列成不同的形状，我管这叫"曼陀罗式繁殖"。叶插繁殖的过程很慢，但是这也让等待的过程更加有趣。由于对多肉植物繁殖特别着迷，我甚至开始把它们看作嗷嗷待哺的小宝贝。我发现可以把它们种成小组团，挨在一块快快乐乐地长几个月，然后再移栽到大一点的花盆里，在里面继续生长。我总是爱想新点子，思考如何才能用更意想不到的办法种植多肉植物。

◀ 一株空凤种在手工小陶盆中，由松捻丝线制成的网兜挂在半空。

▲ 詹妮弗用大量饰品给卧室打造了一种悠闲舒适的环境。

▼ 詹妮弗的房间里有超过 70 株植物，她要花很多时间浇水。

4. 您现在作为社会公认的多肉植物收藏家。出名对您的生活有什么影响吗？

在社交媒体上出名最大的好处就是让我交到了很多朋友。我的确在网上认识了不少人，但我经营这个账号绝不是为了"涨粉"或者当网红。我只是想分享我爱的东西，我学到的东西，与志趣相投的人交朋友。我已经和许多我看重的人结下了真诚而长久的友谊。我分享所学的知识以及如何运用这些知识。我毫无保留地教大家养护植物的方法、小建议和小窍门，并展示真实的自我。我也想和这些人进行现实中的交流。

5. 能跟我们分享一下您与自然为伴的生活理念吗？

我们周身的世界中处处有美。你如果不花时间寻找美，就会错过每天发生在身边的奇迹。我一直试图保持着一条"快乐的底线"。在欣赏美的同时，也生出了一种保护美的欲望。这些年，我和乔希一起尽自己的力量保护海滩与社区的卫生。在海滩上看到垃圾都会捡起来，有的还会带走回收利用。我们拒绝使用塑料袋，乔希在学校吃午餐时也不用饮料盒。我们做的都是小事，但是一定要记住，积微成著，人人都从小事做起，世界会有大不同。

▲ 詹妮弗最喜欢的一款仙人掌组合。
▼ 立柜上的物品于各式小店和艺术家处购得。
▶ 詹妮弗在立柜上摆满了她喜爱的小玩意儿。

▲ 多肉植物南瓜成为秋季的潮流。

▼ 左下图：一个真实的微型多肉植物花环；右下图：詹妮弗制作并推广多肉植物贝壳。

➤ 詹妮弗的"捕梦网"系列中的一件。

"我花在欣赏自然万物上的时间越多，
我受其他方面的影响就越少，尤其是那些负能量。"

多肉植物盛宴

绿意芳香

———

"放松身心、亲近生活的
最好办法，就是将自己沉浸在
自然世界里。"

塞西与米娜

激情就像一块罗盘，最终会引领你走向自己梦想的职业。出于对多肉植物的热爱，塞西和米娜在布宜诺斯艾利斯开了一家温室"植物公司"（Compañía Botánica），以此追寻自己的职业理想。她们与多家制造商合作，创作各种各样的创意植物产品，想将绿色"种"进人们的生活。

职业："植物公司"的创始人
地点：阿根廷布宜诺斯艾利斯

　　专业建筑师塞西与设计专业毕业生米娜，在一次做陶艺时结识了对方。她们都有着艺术与设计方面的教育背景，而且更重要的是，她们都很喜欢植物。因此她们二人联手做起了植物生意，开了"植物公司"，主营多肉植物创意设计。

　　你可以在"植物公司"找到任何你想要的创意植物作品，从多肉植物梳子到多肉植物项链，再到多肉植物花束等，应有尽有。不管是花费几分钟的作品还是耗时一整周的项目，塞西和米娜件件都认真对待。除了多肉植物，她们还开发了支线产品，比如香水、蜡烛、香皂等，坚持多样化经营。有这么多新奇的创意，塞西和米娜相信，激励他人的最好办法就是将人们推进自然的怀抱，唤醒他们的灵感和触觉。"为一朵花的盛开惊叹，用双手触摸土壤，享受一棵草的芳香，聆听雨滴落在屋顶的声响——我们与自然靠得越近，内心就越宁静。放松身心、亲近生活最好的办法，就是将自己沉浸在自然世界里。"

◀ 塞西与米娜的温室中有许多她们喜欢的多肉植物品种。

▲ 温室中出镜率最高的场景。

多肉植物盛宴 | 绿意芳香　　·203·

最初，塞西和米娜只是在社交网站上分享自己的植物生活。让她们惊讶的是，她们收到了不少鼓励性的评论，有的粉丝还让她们开工作坊。她们同意了，并且开始向越来越多的人分享如何养护仙人掌和多肉植物，如何做出漂亮的空凤造型，怎么自己做苔球、多肉植物拼盘等。2017年12月，她们出版了同名书籍《植物公司》（*Compañía Botánica*），一本家庭种植完全指南。她们写这本书的目的是帮助那些想在家养绿植但养不好的人。书中，她们分享了自己在种植、移植、繁殖、修葺花园、种菜、做菜等方面的知识和经验。这本书对于塞西与米娜来说意义重大，因为她们将自己一年的工作经验浓缩进了224页纸中。通过这本书，她们想要呼吁更多读者一起动手，一起种植，感受与自然的联系。"我们的座右铭是：一只手掌也能托起一个花园。"她们说。

展望未来，塞西和米娜渴望继续发展她们的事业。她们迫切地想要拓宽自己的眼界，到其他地方旅行，开办工作坊，写新书，寻找新创意打造绿色室内空间。除此以外，她们梦想着开一家网店，卖餐具、工具、园艺组合、工作台等种植需要的用具，这样当人们点进这家店的时候，他们就能找到种花养草、走进自然所需的一切。她们还打算开一个对公众开放的小温室，提供自家种的蔬果制成的饮品和美食。

◀ 挂在墙上的植物形状质地各异。

▲ 塞西与米娜最喜欢设计与定制工作，因为它最需要创造力。

▼ 塞西与米娜正在挑选鲜切多肉植物来制作新娘手捧花。

对谈塞西与米娜

1. 为什么选择多肉植物呢?

多肉植物外形可爱, 颜色丰富, 质感很好, 十分引人注目; 多肉植物也很好养, 只需要一点水, 稍加照顾就能成活。因此对大部分城市人来说, 它们是非常理想的选择。

2. 你们的设计既有创意又实用。你们的灵感都是从哪来的?

自古以来, 人们就善于利用树枝、野花、野果等自然元素作节日庆典装饰之用。我们想将这些传统习俗再创造, 使用多肉植物作为装饰, 因为它们不仅憨态可掬、色彩多样, 而且寿命也很长。我们的很多作品都是在传统理念的基础上旧题新说。比如, 树叶花冠戴几个小时可能就没法用了, 但我们做了一点改变, 用线将一棵棵多肉植物绑起来制成花冠, 这样就能保存好几周; 而且给这些多肉植物"松绑"之后, 还能再把它们种起来。同样的技术也能用在多肉植物项链、新娘捧花、多肉植物胸针上——我们管这叫"有生的首饰"。它们就像事件备忘录一样, 看到它, 相对应的那段记忆就会鲜活起来。

3. 社交媒体在你们的植物生意中扮演着什么样的角色?

在过去的 4 年里, 随着新网络、新通讯方式的诞生, 社交平台的很多东西都变了。我们认为社交网络是一件很重要的工具, 因为它不仅能传递信息, 还能带来的巨大影响力。我们最初在网上创立自己的品牌, 只是计划用它发布一些照片, 因为那时候并没有很多应用软件可供选择。但是几年过去了, 视频分享成为主流, 所以现在我们又开始做视频剪辑, 在社交网站上分享, 并且使用软件上提供的缩时摄影、回放倒带等特效。实际上, 就是线上分享成就了我们, 我们可以在上面随时随地和观众互动,

> "
> 我们相信, 呼吁他人拥抱自然的最好办法, 就是自己先与自然真情互动。
> "

◀ "植物公司"的座右铭是，"一只手掌也能托起一个花园"。
▲ ▼ 植物雕塑般精美的外形、复古与现代的糅合激发了塞西与米娜创作植物展览的灵感。

发布有美感有创意的内容。照片分享（Instagram）和脸谱（Facebook）上的直播功能对我们来讲也是个机会，我们现在也正在尝试直播工作坊，给更大的观众群体教授种植课程。

4. 除了多肉植物，"植物公司"还出售香水、蜡烛，还有香薰按摩服务。这些支线产品有什么特别之处吗？

我们觉得开发与"植物公司"理念相关的产品非常有意思。为获取更多灵感，我们想象自己于某个春天的傍晚在河边野餐，手上拿着新鲜的柠檬，脸上吹拂着微风。我们从芳香草和香料中萃取精华油，也管这个过程叫"植物炼金术"，因为我们喜欢把自己假想成现代炼金术师。我们的包装就意欲表现这个想法，有几个产品的包装中我们加入了一些实验室元素。我们的一款香水"植物妙想"气味清新，在男性和女性群体中都很受欢迎。香水中含有晚香玉、佛手柑、黄姜精油，还有一个秘密配方。香水的名字源于我们最喜欢的一个标签话题，这也是我们想传达的精髓。除了这款香氛，我们还开发了香皂、蜡烛、浴盐的系列产品线。

5. 生活在布宜诺斯艾利斯感觉如何？

布宜诺斯艾利斯有着数量庞大的博物馆、展览、文化活动、设计作品展，因此生活在这里对我们启发很大。我们经常出去吃点东西，喝点小酒，见见朋友，来场激情偶遇什么的。但我们还是最喜欢观赏树木的四季变化。春天，大街小道都被蓝花楹装点一新，整个城市荡漾在梦幻之中。

▲ 做景观生态瓶备用的多肉植株。
▼ 铲子、剪刀、瓦罐等种植工具。
▶ "植物公司"一隅。

▲ 玻璃小屋中的多肉植物景观。
▼ 复古花盆中的多肉植物组合。
➤ 一只美丽的多肉植物花环。

"拥抱自然，就要跟随自然的循环、自然的节奏，
观察并尊重自然规律，最后调动我们所有的
知觉感知自然，享受自然！"

极致藤蔓

室内花园

——

"世界充满了生机。进化论使我
热血沸腾，它让我感受到
活着的意义。"

费姆·古卢图尔克

费姆·古卢图尔克曾居于伊斯坦布尔的一间寓所。那里是植物与陶器的天堂，她
的房间里还摆满了她游历世界时淘来的各种小玩意儿。她喜爱学习植物的语言，
与植物为伴，与之共享人生哲学。最近，费姆搬到了穆拉，继续追求她的理想种
植生活。

职业：城市植物迷
地点：土耳其穆拉

　　费姆·古卢图尔克对植物的热爱始于1996年，那时她搬进了一座连排房，里面有前房客留下的几个盆栽。费姆搬进来后，对植物的热情也逐渐升温。在她伊斯坦布尔的房子里，几百盆热带植物散落在房间的每一个角落，有蕨类、仙人掌，也有各种多肉植物。走进这里就像漫游在迷人的植物园，绿植与现代建筑互相交融。植物不仅给这里带来了清新的空气，更增添了生机与活力。但在室内养这么多盆植物，可不是件容易的事。

　　有一次，一场严重的地震袭击了她居住的区域。震后，她的邻居起诉了她，说她的阳台承载过重，存在安全隐患，因为她所有的植物和储水缸都堆在阳台上。法官来她家中调查，看到这番景象哈哈一笑就走了，一点处罚都没给她。

　　费姆享受植物从发芽到开花的每一个生长阶段。她收藏的每一株植物都有一张小小的"护照"，上面写着植物的简介和养护说明。她曾在伊斯坦布尔开了一家植物商店叫"费姆实验室"，经营了4年多，店里专卖造型奇特的盆栽植物。"费姆实验室"也是一家温室，她在那学习聆听植物的语言，并把植物的故事分享给世界各地的人。但由于一些个人原因，2017年她锁上了店门，决定搬家到穆拉。费姆解释道："如果我不亲自到店经营，那就没什么乐趣可言了。'费姆实验室'的存在不光是为了卖盆栽，还为了把植物的语言翻译给人类听，让人们懂得植物的需求。我每天都在阅读、学习有关植物的新知识。我相信崭新的生活就等在前面。"尽管实体店关门了，

◀ ▲ ▼ 费姆伊斯坦布尔家中的阳台曾经是个小花园，每个角落都放满了多肉植物和仙人掌。

但她说"费姆实验室"会作为优兔（YouTube）的一个频道继续存在，节目中将展示分享她在穆拉的生活。

对于费姆而言，她的生活方式就是她看待世界的方式。她涉猎过很多领域，比如旅游、娱乐、运营、管理、品牌顾问等，她的人生中做出过各种选择，也经历了许多起伏变化。同样，她也很喜欢经常改换室内环境，比如给她的植物换换位置或者重新摆摆家具。"我喜欢更新生活环境，结识新朋友，谱写新故事。我喜欢换工作，甚至还喜欢换老公！"费姆开玩笑说。"我只有一次生命，我希望它多姿多彩。植物是我的朋友；我们相处甚欢。"她又说。

费姆喜爱旅行，去过很多个国家，包括斯里兰卡、危地马拉、牙买加、莫桑比克、冰岛、以色列等。所有这些地方都给费姆书写了不同的经历。此时此刻，她最喜欢的地方就是穆拉省，该地属亚热带气候，坐落在土耳其南部。该地区遍地种满了橄榄树和月桂树，气候温暖，人口少，幸福指数高。最重要的是，自然环境没有受到破坏。"没有汽车的鸣笛声，不会交通拥堵。只有土地、微风、篝火！"费姆觉得这比住在城市里好多了。一年中的每个季节都有不同的趣味、别样的惊喜。"品尝鲜美的瓜果，礼拜崇高的大地，沐浴清新的空气，爱护地里的生物，聆听头上悦耳的鸟鸣，见证我的植物随自然季节而变，在天然的泉水滋养下茁壮生长，这一刻，我知道时候到了——是时候唤醒这个神奇的村庄，这个神奇的地球了。"

◄ 几百盆植物占满了费姆在伊斯坦布尔的家。

▲ 窗户大，阳光足，植物茁壮生长。

▼ 木头椅子上陈列着一些样本植株。

对谈费姆·古卢图尔克

1. 您曾在一家公关公司工作，为什么改行到植物行业了呢？

那份工作就是说服别人，甚至"逼迫"别人购买产品或者服务，但那些东西连我自己都不想买，我开始觉得那份工作没什么意义。而我喜欢盆栽植物已经好多年了。那些年，我忙着一边工作一边周游世界，骑着我的越野摩托车，一路上去了好多植物园。我所有的植物知识都是书上看来的，都归类整理到了表格文件中。我有个巨长的植物表，里面有植物的拉丁名、俗名，以及对光、水、土壤酸碱度的需求等。有一天，我去到一位哥本哈根的艺术家家里，她的窗户是小小的三角形，窗台上放着漂亮的陶瓷罐，罐里种着种子。我想，为什么不把这些罐子带回土耳其，那里光照更好，地方更大，还是亚热带气候。于是我对自己说："那就试一试吧！"

2. 您家里有超过1000盆植物，为什么在家养这么多植物呢？

一旦开始收集植物，你就会想遇到更多植物朋友，就再也停不下来了！它们每一个都那么特别那么可爱。我在当地找了一些不知名的陶艺学生和陶艺家，说服他们只给"费姆实验室"供应陶器。他们和我一样激动。有了艺术性的外观，有了培育植物的训练，现在植物和陶瓷作品相处得其乐融融，看起来很搭！

3. 经营"费姆实验室"4年，一定有不少难忘的回忆吧。可以和我们分享一些吗？

我们有来自全球各地的参观者，比如瑞典、荷兰、日本、德国、巴西、巴基斯坦、法国、乌克兰等。小店位置隐蔽，就像个秘密王国，但我们的外国友人总能找到，反倒是我们的邻里街坊多次给我们打电话问路，因为他们找不到这栋房子！还有一对顾客，他们曾经互送对方植物，

> 66
>
> 生物传递信息的方式有很多方法。要想与它们交流，我们就得学会沉默，学会倾听。
>
> 99

◄ "费姆实验室"外面的仙人掌盆栽。

▲ ▼ "费姆实验室"就像一个热带植物园，来访者可以在此探索数个小时。

互留有意思的小纸条，后来他们结婚、怀孕、生宝宝后都来回访。来自世界各地的植物迷在我这一方平静的小天堂里分享他们的故事，这多么美好啊！现在他们都成为我的好朋友，也会去我的新家看望。这家店其实不像一家店，它是所有植物爱好者会面的地方。

4. 您曾说道："观察植物的生长周期、学习植物语言很有成就感。"您认为什么是植物的语言？

生物传递信息的方式有很多种。要想与它们交流，我们就得学会沉默，学会倾听。如果你更深入地观察植物，你就能从它的色彩、气味、形态、质地发现许多细节。"倾听"不是字面的用耳朵听，我说倾听植物的意思就是，靠近去看，去观察，去闻，去触摸它。

5. 未来您有什么发展计划吗？

谁知道呢！但估计穆拉就是我目前的根据地了——除非我找到下一家。大家都觉得生活方式变换太频繁不好。我就问他们：为什么？如果过够了那种日子，那就换一种活法。你并不需要跟现在的状态商量好，你不用管它高不高兴。我们不应该惧怕改变，因为没有什么是永恒的，永恒的只有变化。所以如果你不喜欢自己的生活方式，为什么不改变它呢？生活就是不断变化的，这不是我们能预见的！变故随时都有可能发生。我唯一的信仰就是感恩，感恩每天早上健健康康地醒来，感恩所拥有的食物和住所，感恩可以与我共享酸甜苦辣的朋友。就是这样。世界上只有百分之三的人口可以到饭店点菜就餐，我们能成为其中之一真的很幸运。这已经足够令人感激的了，不是吗？

▲ ▼ 给多肉植物换盆。
➤ "费姆实验室"中，植物与老式木桌相辅相成。

▲ ▼ ➤ 费姆种植的仙人掌与多肉植物形态各异、品种繁多，展示在各种各样的陶器中。

"以前我从没注意过太阳起落的方向，但现在
我特别清楚。以前我也不怎么喜欢昆虫，
现在我甚至还会跟它们说话。"

附 录

绿植篇

梅根·特维尔加 *Mégan Twilegar* | 美国俄勒冈州波特兰市
摄影：杰西·沃尔德曼（Jesse Waldman）

www.pistilsnursery.com
P003–013

切尔西·安娜与埃文·萨尔曼 *Chelsae Anne and Evan Sahlman* |
美国佛罗里达州西棕榈滩

www.chelsaeanne.com
www.evansahlman.com
P015–025

希尔顿·卡特 *Hilton Carter* | 美国马里兰州巴尔的摩

www.thingsbyhc.com
P027–037

伊万·马丁内斯与克里斯坦·萨默斯 *Ivan Martinez and Christan Summers* |
美国纽约布鲁克林

摄影："潮集市"（FAD Market）的史蒂芬·杨（Stephen Yang）（p028），图拉植物设计

www.tula.house

P039–049

裴沃娜与查理·劳勒 *Wona Bae and Charlie Lawler* | 澳大利亚墨尔本

www.looseleafstore.com.au

P051–061

乔什·罗森 *Josh Rosen* | 美国加利福尼亚州圣塔莫尼卡

www.airplantman.com

P063–073

花植篇

曼努埃拉·索萨·吉安诺尼 *Manuela Sosa Gianoni* | 西班牙巴塞罗那

摄影：拉腊·洛佩兹（Lara Lopez）（p114–119），
玛尔塔·桑切斯·乌玛米（Marta Sanchez Umami）（p120–125）

www.gangandthewool.com

P115–125

汉娜·温德尔波 *Hanna Wendelbo* | 瑞典哥德堡

www.hannawendelbo.com

P127–137

菲欧娜·皮克尔斯 *Fiona Pickles* | 英国西约克郡

摄影：尼古拉·迪克逊（Nicola Dixon）（p138, 140, 149），
米利亚·米利亚摄影（Melia Melia photography）（p141–143, 144–147），
内奥米·肯顿（Naomi Kenton）（p148 上图），**霍利·拉特雷**（Holly Rattray）（p148 下图）

www.firenzafloraldesign.co.uk

P139–149

微植篇

詹妮弗·陶 *Jennifer Tao* | 美国加利福尼亚卡马里奥

摄影：**丽贝卡·史蒂文斯**（Rebecca Stevens）（p188, 190）

www.instagram.com/jenssuccs/
www.botanicalbright.com

P189–199

塞西与米娜 *Ceci and Meena* | 阿根廷布宜诺斯艾利斯

摄影：**罗莎里奥·兰努赛**（Rosario Lanusse）（ p200–205 ），
"植物公司"（Compañía Botánica）（p206–211）

www.ciabotanica.com.ar
P201–211

费姆·古卢图尔克 *Fem Güçlütürk* | 土耳其穆拉

www.labofem.com

P213–223

致 谢

　　我们在此感谢各位花艺家、植物达人、设计师、创意人士及摄影师的慷慨投稿，允许本书收录及分享他们的作品。我们同样对所有为本书做出卓越贡献而名字未列出的人致以谢意。

植物美学：与花草相伴的日子